QU'EN DIT LA SCIENCE ?

DU MÊME AUTEUR

Ça alors ! Histoire de ces découvertes que l'on n'attendait pas
La Librairie Vuibert, 2018.

RAPHAËL CHEVRIER

QU'EN DIT LA SCIENCE ?

Vaccins, 5G, PMA, numérique, génome…
pour y voir enfin clair !

BUCHET • CHASTEL

ISBN 978-2-283-03493-4

À Alice, Capucine, Anna, Anne-Lise, Gabriel, Ismaël,
Léon, Juliette, Marius, Noah, Rose, Solveig, Susie,
Suzanne, Ulysse et toutes celles et ceux à venir, qui vivront
dans un monde encore plus scientifique qu'aujourd'hui.

« À cette pensée, Simon se tourna vers le pauvre corps brisé
qui pourrissait à ses côtés. Ce “monstre” était horrible,
mais bien inoffensif ; Simon décida de faire part
de sa découverte aux autres, le plus vite possible.
Il entreprit la descente d’un pas flageolant.
Malgré ses efforts, il trébuchait sans cesse. »

WILLIAM GOLDING,
Sa Majesté des Mouches.

Introduction

Pendant les premières semaines de la crise pandémique, dans notre malheur, il y eut un espoir.

En ce début du mois de mars 2020, une bascule que l'on n'attendait plus semblait opérer. Les responsables politiques, les journalistes, nous tous, nous réclamions à cor et à cri une parole scientifique fiable nous permettant de mieux voir dans le brouillard du coronavirus.

Trop longtemps demeurée dans l'ombre, la science revenait-elle sur le devant de la scène ? Médecins, épidémiologistes, statisticiens, virologues défilaient sur les plateaux télévisés et dans les studios de radio afin d'expliquer : les gestes barrières, le mode de transmission des virus, leur dangerosité, les populations à risque, etc. Notre connaissance générale sur les micro-organismes, la façon dont ils collent aux surfaces, s'agrippent à la peau de nos mains, passent d'une bouche à une autre, restent en suspension dans des lieux confinés, est montée en flèche. Le président de la République, Emmanuel Macron, appelait lui-même à faire confiance « à ceux qui savent ».

Aux États-Unis, la bascule fut encore plus spectaculaire. Après avoir estimé que l'épidémie était « contenue » sur le territoire américain, le président d'alors, Donald Trump, semblait mesurer l'ampleur de la crise en s'adressant directement au monde de la recherche dans son phrasé habituel : « Rendez-moi service, accélérez, accélérez ! » Un propos entre volontarisme naïf et panique péniblement dissimulée qui, on le comprendra plus tard, participait d'une stratégie de campagne en vue du scrutin de novembre 2020, dont Trump a probablement senti qu'il se jouerait pour lui en grande partie sur l'élaboration, dans les temps, d'un vaccin salvateur.

Une injonction qui a mis hors de lui le rédacteur en chef de la prestigieuse revue scientifique *Science*. Dans son éditorial du 13 mars 2020, Holden Thorp n'a pas manqué de rappeler les prises de position radicalement anti-vaccins du président, des substances qu'il tenait auparavant pour responsables de l'autisme et de divers maux tous plus terribles les uns que les autres. Mais également ses prises de position climatosceptiques et contre la théorie de l'évolution – rappelons qu'en 2017, Trump a nommé au poste de ministre de l'Éducation Betsy DeVos, fervente défenseuse des écoles privées religieuses qui permettraient, selon elle, « d'avancer le Royaume de Dieu », et que son vice-président Mike Pence était lui-même un créationniste convaincu.

Largement partagé sur les réseaux sociaux, l'éditorial d'Holden Thorp évoquait les trois années de mépris et d'attaques inédites du président envers la science. Avant de conclure : « Les responsables pharmaceutiques ont toutes les raisons d'accélérer la cadence – ils vendront leurs vaccins, après tout – mais fort heureusement, ils savent aussi qu'ils ne peuvent pas tordre les lois de la nature pour y parvenir. »

La science semblait être le grand vainqueur de cette crise sanitaire et sociale. Et puis, quelque chose a déraillé…

Outre-Atlantique, Trump a rapidement minimisé la dangerosité du virus. Refusant d'abord de porter un masque, le

« docteur Trump » s'est risqué à une série de prévisions et de prescriptions au doigt mouillé sous le regard médusé des scientifiques : « Le virus va s'en aller » ; un vaccin serait disponible d'ici « trois à quatre mois » ; « Imaginons qu'on traite le corps avec beaucoup d'ultraviolets, ou une forte lumière. Supposons qu'on vous amène cette lumière à l'intérieur du corps. Cela n'a pas été vérifié, mais vous allez le tester » ; puis, le plus sérieusement du monde : « Le désinfectant neutralise ce virus en une minute. Est-ce qu'on pourrait faire quelque chose comme une injection à l'intérieur, comme un nettoyage ? » Une sortie qui a contraint les médecins à implorer les Américains de ne pas boire de l'eau de Javel pour venir à bout du virus...

À un tout autre niveau d'expertise, il y eut, en France, l'arrivée du professeur Raoult sous le feu des projecteurs. Inutile de revenir sur les péripéties ahurissantes intervenues autour de l'hydroxychloroquine, ce médicament antipaludéen que Didier Raoult a présenté, dès février 2020, comme le remède le plus efficace pour traiter la COVID-19. Gardons-nous également de rappeler les assertions de ce spécialiste des maladies infectieuses, professeur de microbiologie à la faculté de médecine et à l'institut hospitalo-universitaire de Marseille, bardé de prix scientifiques et auteur d'un grand nombre d'articles.

À commencer par ses prédictions péremptoires, en dépit de la prudence habituellement requise des scientifiques, au sujet de ce virus, dont certaines se sont révélées totalement fausses. Avec une méthode de communication bien à lui, une tendance à la personnification, un charisme digne d'un gourou, une proximité avec le monde politique, un plaisir à se présenter à la fois comme génie médical et dissident de l'élite scientifique, Raoult a réussi l'exploit, dans un contexte de crise sanitaire inédit, de faire de la science une opinion, si ce n'est une foi personnelle. Chaque citoyen était ainsi appelé à prendre position pour ou contre l'hydroxychloroquine, et, en substance, pour ou contre le professeur.

Pour preuve, selon un sondage IFOP parfaitement absurde, début avril 2020, 59 % des Français, tout à coup transformés en experts thérapeutiques, pensaient que l'antipaludéen fonctionnait contre la COVID-19.

Quelle que soit l'efficacité réelle du médicament – la chloroquine ne sera finalement pas sur la liste des traitements qui permettront d'en finir avec le coronavirus – Raoult, qui a fustigé dans une étrange formule « la dictature morale » des méthodologistes –, a précipité le monde médical dans un débat plus médiatique que scientifique et forcé des laboratoires à mobiliser des moyens sur le traitement antipaludéen. Au point que certains chercheurs ont déclaré avoir du mal à recruter des volontaires pour tester d'autres méthodes thérapeutiques prometteuses, lorsqu'ils n'étaient pas directement menacés. Hystérisée, prise à partie, la population française a expérimenté le populisme médical.

La science, qui n'est ni un avis, ni une opinion, encore moins une histoire d'allégeance, fut finalement la grande perdante du printemps 2020. Généralement articulée autour de faits, dont les interprétations sont débattues afin d'aboutir à un consensus, elle a été dépouillée de son idéal collectif.

Didier Raoult a été le premier d'une longue série de spécialistes à défiler sur les plateaux télévisés, pour le meilleur et pour le pire. Le pire, justement, fût sans doute la triste prestation de Luc Montagnier, colauréat du prix Nobel de médecine en 2008 pour la découverte du VIH, le 17 avril 2020 : « Nous en sommes arrivés à la conclusion qu'il y a eu une manipulation sur ce virus [...] venant surtout de la chauve-souris, mais auquel on a ajouté par-dessus des séquences du VIH. » Une hypothèse hautement improbable, étayée par aucune étude scientifique, diffusée à une heure de grande antenne par un spécialiste des polémiques.

Anti-vaccins notoire, homéopathe convaincu, défenseur d'une origine microbienne de l'autisme, Luc Montagnier a longtemps soutenu la théorie fumeuse de la mémoire de l'eau, proposée dans les années 1980 et fermement rejetée par la communauté scientifique. Mais pour qui ne connaît pas les prises de position controversées du professeur, les déclarations d'un prix Nobel sur l'origine du coronavirus ont de quoi impressionner. Massivement diffusée sur les réseaux sociaux, la séquence tournée en direct, sans qu'aucun intervenant ne juge nécessaire d'apporter la moindre contradiction, a eu des effets ravageurs dans la sphère complotiste.

Bien sûr, Trump, Raoult et Montagnier ne peuvent pas être mis au même niveau. Le premier n'a aucune connaissance scientifique, le deuxième reste reconnu par ses pairs dans son domaine d'expertise et le dernier est un habitué des dérapages grossiers. Mais les vociférations de ces trois personnages ont contribué à polluer la parole scientifique à un moment où nous n'en avions vraiment pas besoin. Doit-on être surpris ? À l'heure des réseaux sociaux et d'une démocratisation inédite de la parole, où chacun peut donner son avis sur tout comme s'il était une autorité en la matière, il est peu de dire que nous vivons une crise du discours scientifique. Comment naviguer dans cet océan d'informations et de données qui nous parviennent d'une infinité de canaux de communication ? Comment distinguer les faits scientifiques des pures affabulations ? À qui doit-on accorder sa confiance face à cette multitude d'experts, plus ou moins sérieux ?

Absorbée par son processus d'apprentissage vis-à-vis du nouveau virus, la science doutait d'elle-même, n'encadrait pas la parole savante, mais ouvrait un boulevard à tous les excès. La dynamique de la science au travail, qui se construit en exploitant des données imparfaites et évolutives, n'est pas compatible avec notre société qui réclame toujours plus de vitesse. Or, devant les incertitudes de la recherche, les charlatans exultent.

Une série de sondages récents illustre la difficulté du commun des mortels à se repérer au milieu des données scientifiques. L'un d'entre eux, commandé en 2019 à l'IFOP par la fondation Jean-Jaurès et Conspiracy Watch, indiquait que « 21 % des Français croient au moins à cinq thèses complotistes ». En 2019 toujours, la France obtenait la médaille d'or des nations les plus méfiantes envers les vaccins. Selon cette étude Gallup menée pour l'ONG britannique Wellcome, un tiers des Français considéraient les vaccins comme « dangereux ». Depuis, il semblerait que la pandémie de COVID-19 ait fait évoluer les esprits.

Paradoxalement, la société n'a jamais été aussi scientifique et rationnelle. Sciences et technologies sont partout : dans nos appareils high-tech, dans nos façons de nous déplacer, de communiquer, de nous faire soigner, de traiter l'information *via* des algorithmes toujours plus élaborés. Une science omniprésente, en somme, dont les tenants et aboutissants restent difficilement accessibles au profane, et font éclore tous les fantasmes et toutes les angoisses.

Fantasme d'une humanité lancée à pleine vitesse vers le transhumanisme, au risque de perdre ses repères quant au champ du possible. Convaincu que l'avenir de l'humanité repose sur la conquête d'autres planètes, Elon Musk projette de transporter un million de personnes sur la planète

Mars, en éclipsant les obstacles titanesques à franchir pour accomplir une telle mission.

Angoisses liées aux impacts avérés, supposés, surestimés, ou angoisses bâties de toutes pièces, au sujet de pratiques médicales éprouvées telles que la vaccination, de nouvelles technologies telles que la 5G, ou du temps passé devant les écrans dès le plus jeune âge. Dans tous les cas, nos esprits sollicités à l'excès ont tendance à s'en remettre aux discours les plus affirmés, tonitruants, pétris de certitudes… au détriment des plus sérieux, ceux des experts qui ont appris à douter et à tourner plus de sept fois leur langue dans leur bouche avant d'exprimer leur vérité.

Face à l'urgence des enjeux climatiques, l'humanité est-elle destinée à devenir une espèce multiplanétaire ? À l'heure de l'intelligence artificielle (IA) et des progrès informatiques, peut-on sérieusement envisager, comme le proclament certains, de maintenir éternellement en vie le cerveau d'un individu dans une machine ? Une décision prise par une IA sera-t-elle forcément plus objective que celle prise par un être humain ? Que faut-il penser du nouvel outil d'édition du génome humain CRISPR/Cas9, susceptible de créer des « bébés OGM » ? Existe-t-il des raisons scientifiques de refuser les vaccins ou le déploiement de la 5G ? Le pape François a-t-il raison de considérer l'avortement comme un crime ? Quand la vie est-elle terminée ? La généralisation de la PMA va-t-elle engager l'humanité vers une « rupture civilisationnelle » ?

Ces dernières années, j'ai pris l'habitude de consigner dans un carnet des propos entendus ou lus ici et là. Marqués du sceau du bon sens ou de la science, ils étaient assénés par bon nombre de personnalités publiques : responsables politiques, industriels, autorités scientifiques ou religieuses…

Certains de ces propos m'ont fait bondir, tant ils étaient péremptoires, empreints d'extrême simplification – parfois involontaire, souvent malhonnête et cynique –, ou bien, après vérification, se révélaient totalement erronés. D'autres m'ont agacé, car ils véhiculaient des idées reçues, sans source fiable, ou brouillaient volontairement la frontière entre ce qui relève de la science et ce qui relève de l'idéologie. Quelques-uns encore m'ont surpris, car ils soulevaient des problématiques inattendues sur certains sujets et ouvraient des perspectives auxquelles l'intuition ou le bon sens restent aveugles.

Un bon nombre d'entre eux, enfin, m'ont déçu, car ils émanaient de scientifiques reconnus qui, par excès de confiance ou par manque de prudence, présentaient une théorie scientifique comme étant la seule valable en éludant tout argument contradictoire. Plus agaçant encore, certains se risquaient à donner leur avis sur des sujets étrangers à leur domaine de compétence. Or, dans le contexte d'une recherche toujours plus spécialisée, où les scientifiques consacrent leur carrière à des disciplines de plus en plus pointues, il est facile de comprendre que l'on peut être une autorité dans son champ d'expertise et dire d'énormes bêtises dans celui du voisin.

Chacun des chapitres qui suivent s'ouvre donc par la citation d'une personnalité publique se faisant l'écho, à sa manière, d'un débat de société. Si la plupart de ces paroles illustrent à la perfection cette tendance grandissante à simplifier la conversation ou à l'alimenter avec des idées reçues, toutes posent une problématique précise à laquelle je m'efforce de répondre de façon méthodique et dépassionnée, à l'aide d'arguments scientifiques.

Ce livre est également un moyen de rappeler ce qui relève de la science, ce qui appartient au domaine de la croyance ou ce qui n'est qu'idéologie, et de faire la distinction entre le monde réel et le fantasme. Une façon, enfin, de donner au lecteur les clés pour se forger un avis, sans risquer de raconter n'importe quoi.

Chapitre I
Dieu ou la science ?

« La science et la religion ne sont pas incompatibles, mais il vaut mieux les séparer. »

HUBERT REEVES, 2010.

En 1998, la prestigieuse Académie nationale des sciences américaine, qui rassemble l'élite de l'élite scientifique, dénombrait dans ses rangs seulement 7 % de croyants. Plus d'une décennie plus tard, en 2010, la sociologue américaine Elaine Ecklund élargissait l'étude aux scientifiques des grandes universités américaines, dont 64 % se déclaraient athées ou agnostiques, dans un pays dont plus de 85 % des citoyens sont persuadés de l'existence d'un Dieu ou d'une entité supérieure. En Angleterre, selon une étude de 2013, 5,3 % des scientifiques de la Royal Society de Londres acceptent l'idée d'un Dieu. Soit dix fois moins que la moyenne nationale.

On l'entend souvent : religion et science ne feraient pas bon ménage. Rationnelle, la pensée scientifique serait incompatible avec la croyance, rangée dans les tiroirs de la superstition. Pour preuve, le 16 septembre 2008, le professeur Michael Reiss, un biologiste évolutionniste britannique, démissionne de son poste de directeur de l'enseignement de la Royal Society à la suite de propos tenus sur l'enseignement scientifique des origines. Également prêtre ordonné de l'Église d'Angleterre, Reiss a estimé que « le créationnisme doit être évalué par les professeurs des sciences non comme une idée fausse, mais bien comme une vision du monde ». Aussitôt, les prix Nobel Richard Roberts, John Sulston et Harold Kroto rédigent une lettre assassine au président de la Royal Society : « Nous considérons le professeur Reiss comme un homme du clergé, ce qui est très préoccupant en soi. » Et d'ajouter : « Il est impensable qu'un pasteur, dont la pensée centrale repose en grande partie, sinon en totalité, sur un dogme invérifiable, puisse présenter avec honnêteté et impartialité un argumentaire scientifique fondé sur la libre-pensée et le doute. »

En France, pays des Lumières et de la laïcité, la confrontation entre sciences et religion semble encore plus marquée. En 2017, à l'occasion de la Fête de la science, Frédérique Vidal, ministre de l'Enseignement supérieur, de la Recherche et de l'Innovation, rappelle que la culture scientifique permet de « faire des choix basés sur la connaissance et non sur la croyance ». Dieu, qui ne se retrouve dans aucun modèle mathématique, doit-il systématiquement s'opposer à la science ? Peut-on croire en Dieu quand on est scientifique ?

Connaissance et croyance

« Croire aux miracles, en un Dieu tout-puissant qui change l'eau en vin et qui marche sur l'eau, c'est trahir l'esprit de la science, la faculté de comprendre de l'être humain. » C'est avec cette formule que l'évolutionniste réputé Richard Dawkins illustre, dans un entretien accordé à *L'Express* en 2014, l'incompatibilité, à ses yeux, entre la science et la religion. Un terme régulièrement mis en avant afin de distinguer la démarche scientifique de la foi permet de comprendre cet avis en forme de couperet : la réfutabilité. « Une proposition scientifique n'est pas une affirmation vérifiée avec certitude, mais elle est réfutable, c'est-à-dire qu'on ne peut pas affirmer qu'elle ne sera jamais réfutée », écrit l'astrophysicien André Brahic dans son court essai *Science et Croyance – L'Illusion du vrai et la certitude du faux.*

Ce qui fait la force de la méthode scientifique, c'est donc que toute affirmation peut être invalidée à la suite d'une nouvelle observation ou d'un contre-exemple. Toute conjecture dont on ne peut démontrer ni l'exactitude ni la fausseté n'appartient pas au monde de la science, lequel repose sur deux piliers : celui de l'expérimentation ou de l'observation et celui de l'interprétation ou de l'approche théorique. Brahic explique : « Observer sans interpréter n'a aucun intérêt, croire en une théorie sans l'avoir testée conduit à des errements [...]. De la même manière que les hommes ont besoin de deux jambes pour marcher, la science avance par ces deux approches et grâce à des allers et retours permanents entre ces deux démarches. » La science est en éternel mouvement. Intransigeante, parfois ingrate, voire cruelle, elle exige d'abandonner toute théorie contredite par une ou plusieurs observations empiriques. Tel un joueur compulsif, la science remet constamment sa mise en jeu. S'ils peuvent dénoncer ce qui est faux, les scientifiques ne peuvent jamais prétendre détenir la vérité. « Toute proposition, même très convaincante, reste à l'état d'hypothèse tant qu'elle n'est pas confrontée au monde réel et vérifiée par l'expérience », écrit Brahic.

À l'inverse, la religion repose sur le concept de croyance, l'affirmation d'une vérité qui n'est pas accessible à notre condition humaine. Imperceptible à nos sens, elle est *de facto* invérifiable par une approche scientifique. Ainsi, affirmer que Dieu interdit le blasphème n'est pas scientifique, car non réfutable. Personne n'ayant la prétention de savoir ce qui se passe dans l'esprit de Dieu, il est impossible de valider ou de réfuter cette affirmation. En revanche, déclarer que « la Terre est plate » s'inscrit dans une démarche scientifique puisqu'il est facile, par la simple observation de notre planète bleue depuis l'espace, de réfuter cette affirmation.

D'une manière caricaturale, on pourrait dire que la religion s'engouffre là où la science reconnaît ses limites. L'inexplicable, l'absence de connaissance scientifique – par exemple concernant l'origine de l'Univers – sont généralement comblés par des interprétations d'ordre divin. Là où la science doute, la religion croit. Là où la science progresse, la religion recule. Le sociologue Max Weber notait dans *La Considération intermédiaire* au début du XXe siècle : « Partout où la connaissance rationnellement empirique a réalisé de façon systématique le désenchantement du monde et sa transformation en un mécanisme causal, apparaît définitivement la tension avec les prétentions du postulat éthique selon lequel le monde serait un cosmos ordonné par Dieu. »

Cette vision mécanique de la science et de la religion, qui évolueraient selon le principe des vases communicants, laisse peu de doute quant à la possibilité d'être à la fois scientifique et religieux. Or, comme très souvent, la réalité est un peu plus nuancée.

Galilée, homme de sciences et de foi

Jusqu'au début du XXe siècle, la croyance en Dieu souffrait peu de débat en Occident, y compris chez les scientifiques dont les recherches étaient motivées par la quête de sens spirituel. En étudiant la nature et les grands mécanismes du monde, les savants avaient la conviction de s'approcher plus que quiconque de l'œuvre de Dieu.

Un des exemples les plus célèbres est celui de Galilée. Vers 1610, l'homme de sciences italien tour à tour mathématicien, physicien et astronome, observe à travers sa lunette astronomique nombre d'indices lui permettant d'affirmer que la Terre n'est pas au centre d'un monde autour duquel tournerait l'ensemble des objets visibles sur la voûte céleste – la Lune, les planètes et le Soleil –, et où les étoiles, fixées sur une toile de fond, marqueraient la fin de l'Univers. Galilée acquiert au contraire la certitude que la Terre tourne autour du Soleil. Il n'est pas le premier à placer le Soleil au centre de toute chose. Le chanoine Nicolas Copernic, fervent religieux, le suggère dès 1543. Johannes Kepler, entré dans la science après s'être « senti appelé » par Dieu afin de transmettre aux hommes la splendeur de la Création, le confirme un demi-siècle plus tard. Galilée, remettant en cause sans la moindre équivoque la théorie d'une Terre immobile, est le premier à défendre bec et ongles cette idée révolutionnaire contre les autorités religieuses de l'époque.

La suite est bien connue. Légèrement à cran en raison des succès de la Réforme à cette époque, l'Église catholique entend réaffirmer son pouvoir par la force et l'intransigeance. Qualifiant l'idée d'une Terre tournant autour d'un Soleil fixe de « stupide et absurde, et fausse en philosophie, et formellement hérétique, en tant qu'elle contredit expressément ce que dit la Sainte Écriture en maints endroits », elle met à l'Index les écrits de Galilée une première fois en 1616. Mais celui-ci s'entête, persuadé d'avoir raison, et remet le couvert de l'héliocentrisme en 1632 dans son *Dialogue sur les deux grands systèmes du monde*. À la suite d'un procès qui restera comme le symbole de la confrontation entre la science et la religion, cette dernière se révélant incapable d'admettre la réalité des faits et d'adapter son discours aux progrès de la science, en 1633, Galilée est condamné par le pape à la détention à perpétuité. En larmes, Galilée finit par invoquer la clémence du tribunal. Il doit prononcer à genoux, vêtu de la robe blanche du pénitent, l'acte d'abjuration que le Saint-Office lui tend : « Moi, Galilée, dans la soixante-dixième année de mon âge, prisonnier et agenouillé devant les très éminents cardinaux inquisiteurs généraux [...] j'abjure, maudis et déteste l'erreur et l'hérésie du mouvement de la Terre. »

Difficile de ne pas voir dans cet évènement la démonstration d'une incompatibilité entre la science et l'Écriture sainte. En effet, placer le Soleil au centre du monde entre en contradiction totale avec la double course – celle du Soleil et celle de la Lune – que Dieu a interrompue afin d'aider Josué à triompher des troupes amorrites : « Soleil, arrête-toi au-dessus de Gabaon ! Lune, immobilise-toi sur le val d'Ayalon ! Et le Soleil s'arrêta, et la Lune se tint immobile, jusqu'à ce que la nation se fût vengée de ses ennemis. » (Josué 10:12-13) Tout comme avec le psaume 93, « Dieu roi de l'Univers », qui proclame : « Tu as fixé la Terre, immobile et ferme. »

Pourtant, à aucun moment Galilée, en réalité très pieux et soutenu par un certain nombre d'hommes d'Église, n'a voulu remettre en cause l'autorité de la Bible ou sa propre foi. Jusqu'à la fin de sa vie, l'homme de sciences a défendu son droit à croire en Dieu tout en conservant sa rigueur scientifique. Selon lui, la Bible a été rédigée de façon à s'accommoder des connaissances de l'époque, afin de rendre ses messages intelligibles au commun des mortels. Fondés sur des observations de bon sens, les textes bibliques se devaient d'être accessibles au sens commun sans toutefois être pris au pied de la lettre.

Pour Galilée, il convient donc de distinguer ce qui relève des Saintes Écritures, avant tout destinées à guider les hommes sur le chemin de Dieu, de ce qui relève de la science ou des faits matériels, dont la compréhension évolue nécessairement au cours du temps. « Dites-nous comment on va au ciel et laissez-nous vous dire comment va le ciel », aurait-il répliqué aux Dominicains. Galilée, tout comme ses prédécesseurs Copernic et Kepler, incarne l'exemple type de la coexistence de la science et de la foi en un seul esprit – et pas des moindres. Aucune contradiction, en effet, car science et religion n'entendent pas répondre aux mêmes questions existentielles. Pour l'une, l'étude rationnelle de la nature, pour l'autre, l'étude rigoureuse des lois divines.

La science expliquée par la religion

Les révolutions scientifiques de la fin du XIXe siècle marquent un tournant dans la relation entre la science et la religion. En 1859, le naturaliste britannique Charles Darwin lâche une petite bombe parmi les savants avec la publication de son ouvrage *L'Origine des espèces*, dans lequel il pose les fondements de la théorie de l'évolution et de la sélection naturelle. Or, si cette théorie s'oppose clairement à l'idée selon laquelle l'homme aurait été créé du jour au lendemain par Dieu, le scientifique a du mal à opérer une totale bascule du théisme à l'athéisme. Dans une autobiographie rédigée en 1876, Darwin se souvient qu'il lui était « impossible de concevoir que le splendide et infiniment merveilleux univers, de même que l'homme [...], soit le résultat du hasard ». Mais la prudence dont il fait preuve sert avant tout à atténuer la controverse publique. En réalité, Darwin juge la doctrine religieuse et ses observations de la nature inconciliables.

Le procès du singe

En 1925, soixante-six ans après la publication par Darwin de *L'Origine des espèces*, plusieurs États américains où la religion est très présente, dont le Tennessee, votent des lois interdisant l'enseignement de cette théorie de l'évolution dans les établissements publics au motif qu'elle nierait « l'histoire de la création divine de l'homme, telle qu'elle est enseignée dans la Bible, et qui prétend que l'homme descend d'un ordre inférieur d'animaux ».

Pour tenter de faire invalider la loi par la Cour suprême de l'État du Tennessee, les opposants au fondamentalisme chrétien convainquent un professeur de sciences naturelles de 24 ans, John Thomas Scopes, d'enseigner ostensiblement les travaux de Darwin à ses élèves. Comme prévu, le jeune homme est poursuivi en justice. S'ensuit un procès au cours duquel scientifiques et religieux se succèdent à la barre, les premiers démontrant les contradictions et incohérences scientifiques des textes bibliques, les seconds tentant tant bien que mal de défendre leur interprétation.

Scopes est finalement condamné à une amende symbolique de cent dollars pour violation d'une loi qui restera en vigueur jusqu'en 1967. En dépit de la défaite des évolutionnistes, le « procès du singe », qui bénéficie d'une couverture médiatique inédite, jette une lumière crue sur les impacts de l'obscurantisme auprès du grand public et restera comme le symbole, aux États-Unis, du combat de la science contre la religion.

À 33 ans, Georges Lemaître est un ecclésiastique épanoui. Né en 1894 à Charleroi, il entre à l'âge de 10 ans au collège des jésuites de la ville et, en 1911, intègre l'école des mines de l'université catholique de Louvain. Il y apprend les mathématiques, la physique, et s'initie aux problématiques de la cosmologie. Son doctorat en poche, il est admis en 1923 à la célèbre université de Cambridge comme étudiant-chercheur. Cette même année, l'homme de sciences est également ordonné prêtre, membre de la Fraternité sacerdotale des amis de Jésus.

Débute alors une longue quête à la fois scientifique et spirituelle des origines du monde, sans que jamais science et religion ne soient mises dos à dos. C'est ainsi qu'en 1927, Lemaître propose une théorie cosmologique révolutionnaire : l'Univers ne serait pas statique, mais en expansion ! Même Albert Einstein, qu'il rencontre à plusieurs reprises aux États-Unis cette année-là, n'avait osé s'avancer sur ce terrain. Lemaître conçoit l'Univers avec un commencement (une explosion initiale intervenue il y a près de 14 milliards d'années et qu'on nommera rapidement le big-bang), mais aussi avec une évolution, et probablement une fin. Deux ans plus tard, l'astronome Edwin Hubble confirme cette théorie en observant que les galaxies s'éloignent les unes des autres, au sein d'un Univers en expansion.

Dans un discours de 1951, le pape Pie XII tente d'utiliser les découvertes de Lemaître et de ses successeurs pour légitimer les Écrits saints et prouver l'existence du Père créateur. « Il semble, en vérité, que la science d'aujourd'hui, remontant d'un trait des millions de siècles, ait réussi à se faire témoin de ce "Fiat Lux" initial, de cet instant où surgit du néant, avec la matière, un océan de lumière et de radiations, tandis que les particules des éléments chimiques se séparaient et s'assemblaient en millions de galaxies. » Y voyant la preuve d'une création divine, Pie XII poursuit sa démonstration religio-scientifique : « Ainsi, création dans le temps ; et pour cela, un créateur ; et par conséquent, Dieu ! Le voici, donc – encore qu'implicite et imparfait – le mot que nous demandions à la science et que la présente génération attend d'elle. »

Ces propos du pape font bondir Lemaître. L'homme d'Église s'est en effet toujours gardé de mélanger science et religion, ou plutôt d'utiliser l'une pour justifier l'autre. Ainsi, le big-bang, qui décrit les conditions du début de l'Univers, répond à une question totalement différente de celle de sa création, réservée au domaine de Dieu. Lemaître ira jusqu'à demander audience à Pie XII pour lui faire part de son point de vue, similaire à celui de son ancêtre Galilée, selon lequel science et foi ne doivent pas être mêlées.

La fondation Templeton

La volonté de faire concorder les textes sacrés avec les connaissances scientifiques est parfaitement représentée par la fondation créée en 1987 par le milliardaire et presbytérien américain John Templeton et qui porte son nom. La fondation a pour mission de financer, à hauteur de 60 millions de dollars par an, des recherches scientifiques destinées à faire progresser la religion en résolvant une série de questions existentielles à la frontière entre le matérialisme et la spiritualité : les origines de l'Univers, les lois de la nature et de la vie, la conscience humaine, le libre arbitre, etc. Chaque année, la fondation remet le prix Templeton, gratifié de 1,5 million de dollars (c'est-à-dire davantage qu'un prix Nobel), à « une personne vivante ayant contribué de façon exceptionnelle à affirmer la dimension spirituelle de la vie, que ce soit par des idées, des découvertes, ou des travaux pratiques ».

La fondation a, par exemple, dépensé 2,4 millions de dollars pour une étude destinée à prouver que les prières améliorent la santé des malades ; 4,5 millions de dollars pour une autre étude sur « la recherche sur la nature et l'efficacité du pardon », ou encore 2,2 millions de dollars afin d'étudier l'influence de la religion sur le comportement pour lutter contre l'épidémie de sida en Ouganda. Sean M. Carroll, cosmologiste à l'institut de technologie de Californie, qui a décliné une invitation à prendre la parole lors d'un congrès de la fondation, estime que « l'objectif de la fondation Templeton est de brouiller la limite entre la science pure et l'activité religieuse explicite, faisant apparaître ces deux domaines comme des facettes d'une seule et grande entreprise ».

Dans son ouvrage *Pour en finir avec Dieu*, Dawkins raconte une anecdote vécue lors d'un congrès de la fondation : « Un des journalistes, John Horgan, a dit que chacun d'entre eux avait reçu, outre la prise en charge des frais, la coquette somme de 15 000 dollars pour assister à ce congrès. Cela m'a étonné. Dans ma longue expérience des conférences universitaires, je n'avais jamais vu que les participants (contrairement aux intervenants) aient jamais été payés pour être présents. Si je l'avais su, cela aurait aussitôt éveillé mes soupçons. Est-ce que Templeton employait son argent pour subordonner les journalistes scientifiques et corrompre leur intégrité scientifique ? »

Le Dieu bien particulier d'Einstein

N'en déplaise à certains de leurs fondateurs, les grandes théories scientifiques des origines éloignent peu à peu la sphère scientifique de l'Église. Si l'idée d'un père créateur n'est pas définitivement jetée aux oubliettes, les dogmes religieux sont clairement mis à mal. Le positionnement d'Albert Einstein sur ces questions spirituelles illustre bien cette bascule opérée au cours du XXe siècle.

De confession juive, Einstein utilise avant tout la notion de Dieu et de religion pour exprimer, par la métaphore, ce sentiment d'émerveillement et d'impuissance que peut ressentir le chercheur devant la beauté de la science et les mystères qui entourent les lois de l'Univers : « La plus belle émotion que nous puissions éprouver est l'émotion mystique. C'est là le germe de tout art et de toute science véritable [...]. Savoir que ce qui nous est impénétrable existe vraiment [...], voilà ce qui est au centre du véritable sentiment religieux. En ce sens, et seulement en ce sens, je me range parmi les hommes profondément religieux. »

Ces déclarations suffisent à transformer, aux yeux de certains, le génie des sciences en un homme de foi. En réalité, très jeune, Einstein est frustré par les désaccords qu'il constate entre les textes religieux et scientifiques, ce qui l'amène à rejeter fermement l'idée d'un Dieu personnel et de ses dogmes, sources selon lui des principaux conflits entre les hommes. Dans une lettre rédigée en 1954, un an avant sa mort, et destinée au philosophe Eric Gutkind, Einstein rappelle son aversion profonde pour tout dogme religieux : « Le mot Dieu n'est pour moi rien d'autre que l'expression et le produit des faiblesses humaines, et la Bible un recueil de légendes vénérables, mais malgré tout assez primitives. » À l'instar des autres confessions, la religion juive est décrite comme « l'incarnation d'une superstition primitive » à laquelle « aucune interprétation, aussi subtile soit-elle, n'y changera rien ».

Pour Einstein, la recherche scientifique implique une vision déterministe des lois de la nature, qu'aucune prière adressée à une entité supérieure ne pourra influencer. C'est pourquoi l'avènement de la physique quantique, à laquelle il a grandement contribué, le met dans un état de trouble profond. En effet, selon la théorie quantique, le comportement des constituants élémentaires de la matière, par exemple leur état et leur position, se définit d'après un modèle probabiliste. Pour Einstein, il est inenvisageable que les lois de la nature soient régies par le hasard et, s'il croit en la théorie quantique, il l'estime imparfaite. Le savant en appelle à nouveau à la métaphore de Dieu, dans une phrase qui restera célèbre : « La mécanique quantique force le respect. Mais une voix intérieure me dit que ce n'est pas encore la juste vérité. En tout cas, je suis convaincu que Dieu ne joue pas aux dés. » Le savant ne rejette pas pour autant l'idée d'une force inaccessible au commun des mortels. Car, au vu des connaissances imparfaites et fragmentaires des lois de l'Univers, quiconque sérieusement impliqué dans la poursuite de la science devient persuadé, selon Einstein, que derrière ces lois se cache « un esprit largement supérieur à celui d'un homme, et en face duquel nous, avec nos modestes pouvoirs, devons nous sentir humbles ».

Contrairement à Einstein, un autre physicien et cosmologiste célèbre, le Britannique Stephen Hawkins, refuse d'en appeler à un esprit supérieur pour expliquer la complexité du monde. En 1988, le spécialiste de la physique des trous noirs explique dans son best-seller *Une brève histoire du temps* que si les scientifiques découvrent un jour une théorie complète permettant de décrire l'ensemble des lois régissant l'Univers, « ce serait la victoire suprême de la raison humaine, car alors nous connaîtrions l'esprit de Dieu ». Avant de tuer dans la foulée l'idée même de pensée suprême : « Est-ce que l'Univers a été choisi par Dieu pour des raisons que nous ne pouvons pas comprendre ou était-il déterminé par une loi de la science ? J'opte pour la deuxième option. » Un positionnement athée que le chercheur n'a cessé de renforcer avec le temps.

Dans son ouvrage *Y a-t-il un grand architecte ?* publié en France en 2011, il va plus loin en utilisant directement la science pour invalider l'existence de Dieu : « Parce qu'il y a des lois comme la gravité, l'univers peut et doit se créer lui-même à partir de rien. [...] La création spontanée est la raison pour laquelle il y a quelque chose plutôt que rien, pourquoi l'univers existe, pourquoi nous existons. Il n'est pas nécessaire d'invoquer Dieu pour appuyer sur la touche "on" et faire démarrer l'Univers. » La même année, le chercheur précise dans une série documentaire : « Quand les gens me demandent si Dieu a créé l'Univers, je leur dis que la question même n'a pas de sens. Le temps n'existait pas avant le big-bang. Donc Dieu n'aurait pas eu le temps de créer l'Univers. C'est comme demander où est l'extrémité de la Terre : la Terre est une sphère, elle n'a donc pas d'extrémité. La chercher est un exercice vain. »

Ces propos, critiqués par certains philosophes pour mélanger sans distinction des concepts scientifiques et métaphysiques, sont représentatifs de cette nouvelle génération de scientifiques du XXe siècle qui peut assumer son athéisme au grand jour, voire s'en servir comme moteur scientifique. Ainsi Dawkins, militant athée notoire, n'hésite pas à utiliser les connaissances scientifiques pour invalider par la preuve l'existence divine : « Quant au divin horloger qui aurait tout orchestré, la biologie darwinienne explique très bien comment a eu lieu l'évolution, pourquoi un singe est devenu un singe qui sait grimper aux arbres, pourquoi un poisson est devenu un poisson qui sait nager dans la mer, pourquoi les êtres vivants sont des mécanismes compliqués qui ont l'air d'avoir été créés dans un but déterminé, mais qui ne sont là que pour se perpétuer et survivre. »

Faut-il pour autant en déduire que les avancées de la connaissance entraîneront à terme la disparition de la religion chez les scientifiques ? Rien n'est moins sûr, car contrairement aux idées reçues, les chercheurs ne sont ni plus ni moins croyants qu'au début du siècle. En 1914, le psychologue James Leuba réalise un sondage auprès de mille scientifiques américains, révélant que 58 % d'entre eux ne croient pas en un Dieu. Soit… le même ordre de grandeur que celui mesuré en 1997 par l'historien des sciences Edward Larson. Pour Larson, lauréat du prix Pulitzer, cette stabilité s'explique par le fait que les grandes découvertes à même de faire reculer les croyances religieuses ont été menées avant le début du XXe siècle. Pour la sociologue Elaine Ecklund, cette surreprésentation du scepticisme chez les scientifiques vient surtout du fait qu'un nombre disproportionné de scientifiques ont été élevés dans des foyers athées ou agnostiques.

Plus de religion = moins de science ?

En janvier 2020, Kristoff Talin, docteur en science politique et chercheur au CNRS, et Yves Gingras, historien et sociologue des sciences, auteur de l'ouvrage *L'Impossible Dialogue – Sciences et religions* (2016), publient un article dont le titre, « + de religion = – de science », résume assez bien le propos : « Quel que soit le pays considéré, plus les individus s'identifient à une religion et la pratiquent fortement, moins ils ont de compétences scientifiques. »

Pour asseoir cette conclusion pour le moins tranchée, les chercheurs utilisent les données issues de deux enquêtes Eurobaromètres menées en 2005 et en 2010 dans des pays membres de l'Union européenne, ainsi que celles de l'enquête menée par le Pew Research Center en 2018 aux États-Unis. Pour les 25 566 individus sondés, croyants ou non, pratiquants ou non, protestants, catholiques, orthodoxes, musulmans, agnostiques ou athées, les connaissances scientifiques de base sont mesurées à partir d'une série de neuf variables permettant d'élaborer une note comprise entre 0 et 10. Le résultat est sans appel, et cohérent, quelle que soit la religion considérée : un athée ou un agnostique obtient un score moyen de 9,56, soit au moins 1 point de plus que les pratiquants réguliers, toutes religions confondues.

Par ailleurs, chez les protestants, catholiques et orthodoxes, les pratiquants mensuels affichent généralement des scores plus bas d'au moins 0,5 point que les moins pratiquants. « Les indicateurs du niveau de pratiques religieuses, de la prière et de l'importance de la religion dans la vie quotidienne varient tous dans le même sens : plus l'individu est pratiquant, priant ou religieux, moins son score de compétence scientifique est élevé », concluent les auteurs.

Plus surprenant encore : en croisant ces données avec le niveau d'études des individus, l'effet de la religion sur le score moyen de connaissances scientifiques surpasse tout le reste, de sorte qu'un agnostique ou un athée n'ayant pas fait d'études secondaires aura malgré tout un meilleur score qu'un protestant ou un catholique d'un niveau d'étude plus élevé.

Dans tous les cas, ces savants fervents développent des stratégies pour concilier leur foi en Dieu et leur pratique quotidienne de la science. Au-devant desquelles l'opération d'une stricte séparation entre science et religion, prenant acte du fait que la critique rationnelle, scientifique de la croyance religieuse ou bien l'interprétation divine des connaissances scientifiques sont presque toujours vouées à l'échec. Lorsque la science s'interroge sur la façon dont l'Univers a été créé, la religion demande qui a créé l'Univers. Lorsque la religion affirme que Dieu a créé le monde, la science demande qui a créé Dieu. Lorsque la science étudie les premières manifestations physiques et l'évolution de l'Univers, la religion y apporte un sens. Le problème ne réside donc pas dans le fait d'être à la fois scientifique et religieux, mais de se servir de la science pour défendre la religion, ou bien d'utiliser cette dernière pour anéantir des pans entiers de la science. « Laisser la science et la religion s'en aller par des chemins parallèles, vers leurs buts propres », comme le réclamait, au milieu des années 1920, le frère Marie-Victorin, religieux et botaniste québécois, fervent défenseur d'une diffusion large des sciences auprès du grand public.

Chapitre II
La crainte des vaccins

« Nous risquons, avec des bonnes volontés
au départ de vaccins, d'empoisonner petit à petit
toute la population qui va nous succéder. »

LUC MONTAGNIER, prix Nobel de médecine,
le 7 novembre 2017.

Le 19 juin 2019, la France décroche la première place des nations les plus méfiantes envers les vaccins. D'après une étude réalisée par l'institut de sondage américain Gallup pour l'ONG médicale britannique Wellcome, auprès de cent quarante mille personnes réparties dans cent quarante-quatre pays, un tiers des Français estiment que les vaccins sont dangereux.

Magie de la contradiction tricolore, en avril de la même année, l'agence nationale sanitaire Santé publique France évalue à 91 % la part des parents admettant que la vaccination est un acte médical essentiel pour la santé des enfants de moins de 2 ans. Un chiffre confirmé par l'étude Gallup, selon laquelle un Français sur dix seulement estime qu'il n'est pas important de faire vacciner sa progéniture. Dans les faits, la France fait d'ailleurs partie des bons élèves en matière de couverture vaccinale, en hausse constante ces dernières années, avec 87 % des nourrissons désormais vaccinés chaque année contre la rougeole.

Tout aussi contradictoire, en décembre 2020, à la veille de la campagne de vaccination contre la COVID-19, 44 % des Français seulement s'estiment prêts à recevoir l'injection, pourtant la seule méthode efficace pour venir à bout de cette longue pandémie dont tout le monde – pro- et anti-vaccins – souffre. Comment une méthode médicale destinée à protéger de pathologies graves est-elle parvenue à susciter une telle méfiance chez les Français ? Les mouvements anti-vaccins, dans l'Hexagone et à travers le monde, ont-ils raison de nous alerter sur un possible danger de ces substances ?

À l'origine des vaccins, la vaccine

En cette fin de XVIIIe siècle, l'humanité lutte depuis des centaines d'années contre l'une des pires pathologies qu'elle ait eu à affronter : la variole. Caractérisée par une poussée subite de pustules sur l'ensemble du corps, la maladie extraordinairement contagieuse – « la plus sérieuse des maladies transmissibles que l'homme ait connues » selon l'Organisation mondiale de la santé (OMS) – s'est répandue dans le monde entier aux XVIIIe et XIXe siècles. Le fléau emporte près d'un malade sur trois à l'âge adulte et laisse de lourdes séquelles et d'affreuses cicatrices aux rescapés.

Si nous n'avons plus à nous soucier de ce virus, dont l'OMS a certifié l'éradication totale en 1980, c'est grâce au génie d'Edward Jenner (1749-1823). Ce jeune médecin de campagne anglais a su prendre au sérieux une observation populaire selon laquelle les laitières n'étaient jamais atteintes de la variole. En revanche, elles avaient toutes contracté la vaccine, une maladie relativement bénigne qui se transmet à l'homme par l'intermédiaire des bovidés. Surnommée « variole de la vache », elle est très courante chez les personnes qui, lors de la traite, entrent en contact avec les pustules pouvant affecter les pis.

Petit à petit, le jeune médecin en arrive à la conclusion que la vaccine et la variole sont proches et que l'une et l'autre ne peuvent contaminer une même personne. La vaccine, bénigne, pourrait donc empêcher d'attraper la variole, mortelle. En 1796, Jenner a le courage de mettre en application son intuition et décide d'inoculer volontairement la vaccine à un enfant de 8 ans. Un mois et demi plus tard, il lui injecte le virus de la variole qui, comme prévu, n'a aucun effet sur le garçon. Le principe de vaccination est né : l'inoculation volontaire, à une personne saine, d'une maladie que l'on sait inoffensive, pour l'immuniser contre une maladie voisine, mais beaucoup plus dangereuse.

Pourtant, malgré les ravages de la variole à cette époque et les promesses prodigieuses que la vaccination laisse entrevoir, ce nouveau principe médical suscite une grande méfiance au sein de la population, y compris parmi le corps médical. Certains médecins s'opposent fermement à l'idée d'injecter une maladie issue de l'animal dans le corps humain. Plusieurs accusent même Jenner de vouloir contrarier la volonté du Créateur. À force de patience et de persévérance, Jenner convainc les médecins européens de vacciner des patients. Se faire injecter dans l'organisme une substance étrangère reste difficile, voire contre-intuitif. Certains s'inquiètent que la substance d'origine bovine ne leur fasse pousser des cornes de vache sur la tête…

Il faudra attendre que Louis Pasteur reprenne les travaux de Jenner dans les années 1880 pour établir le principe des vaccinations préventives, « des virus affaiblis ayant le caractère de ne jamais tuer, de donner une maladie bénigne qui préserve de la maladie mortelle ». Après expérimentation sur des animaux de ferme, le savant se risque à tester un tout nouveau vaccin contre la rage sur un garçon de 9 ans, avec le succès que l'on connaît. Grâce à Pasteur, on sait aujourd'hui quels mécanismes sous-tendent la vaccination : l'introduction dans le corps d'un agent extérieur est capable de déclencher une réaction immunitaire de l'organisme *via* la création d'anticorps spécifiques protégeant contre une maladie infectieuse donnée. L'ensemble de cette réaction forme ce que l'on appelle la réponse immunitaire adaptative. Car bien souvent, notre immunité innée, naturelle, n'est pas suffisante pour combattre un virus ou une bactérie lorsque l'organisme est attaqué « par surprise ».

Aujourd'hui, la majorité des vaccins sont « inactivés », c'est-à-dire qu'ils contiennent des fractions de bactéries ou de virus morts, et donc inoffensifs. Ces vaccins stimulent le système immunitaire, tout en restant incapables de provoquer la maladie elle-même. D'autres vaccins, en nombre limité, contiennent une petite quantité de bactéries ou de virus affaiblis par un traitement ayant éliminé leur pouvoir néfaste. Ces vaccins « vivants » ont eux aussi pour effet de stimuler le système immunitaire de l'organisme et la probabilité qu'ils causent la maladie est infime. Dans tous les cas, l'objectif de la vaccination consiste à apprendre à l'organisme à se préparer contre l'attaque réelle d'un agent pathogène. Une sorte d'entraînement d'« autodéfense » à l'efficacité confirmée.

Le revers de la médaille est que les vaccins peuvent, comme tout médicament, provoquer dans de rares cas des effets secondaires indésirables. Les plus fréquents consistent en une fièvre légère, des maux de tête ou des courbatures – des symptômes liés à la réponse immunitaire de l'organisme immédiatement après l'acte de vaccination – ainsi qu'une douleur ou une rougeur au point d'injection. Dans des cas encore plus limités – rarement au-delà d'un pour cent mille vaccinés – des réactions allergiques plus sérieuses peuvent apparaître. La gravité de ces très rares réactions doit toutefois être confrontée aux risques de développer des complications sévères après la maladie : 1/1 500 s'agissant de la rougeole, ou 1/100 pour la coqueluche chez les nourrissons. C'est ce que les spécialistes appellent le rapport bénéfice/risque en faveur de la vaccination, aucune étude scientifique n'a jusqu'à présent réussi à le remettre en question.

Le rôle des adjuvants

Cependant, les vaccins parviennent encore à susciter la méfiance d'une certaine frange de la population. Depuis quelques années, les anti-vaccins ont trouvé l'argument parfait pour jeter le doute sur leur innocuité : les adjuvants à base d'aluminium.

Adepte du verbe polémique et des messages faussement contradictoires au point d'en étourdir les plus hautes autorités de l'État, le professeur Henri Joyeux a fait des vaccins aluminiques son cheval de bataille. Érigé petit à petit en figure de proue des anti-vaccins, ce cancérologue et spécialiste en chirurgie viscérale (il n'est donc pas spécialisé en immunologie…), multiplie les conférences, interventions télévisées et prises de parole sur le web. Il s'est notamment fait remarquer, en septembre et en mai 2015, en publiant sur la toile des pétitions jugées anti-vaccins par bon nombre d'institutions scientifiques.

La première s'élevait contre une recommandation du Haut Conseil de la santé publique – jamais suivie par le gouvernement – préconisant d'abaisser de 11 à 9 ans l'âge de la vaccination contre le papillomavirus pour les filles. La seconde s'en prenait au remplacement du vaccin trivalent DTP, protégeant à la fois contre la diphtérie, le tétanos et la poliomyélite, par le vaccin hexavalent, efficace contre six infections. Cette pétition, qui a rapidement dépassé le million de signatures, présente l'aluminium ajouté dans le vaccin comme un danger.

Les adjuvants, le mot vient du latin *adjuvare* qui signifie « aider », constituent une sorte d'additif permettant d'optimiser l'efficacité de nombreux vaccins. Conceptualisée dès 1925, par le vétérinaire et biologiste français Gaston Ramon, la notion d'adjuvant est d'abord mise en pratique par ajout de pus au vaccin contre la diphtérie, ce qui provoque une augmentation significative de la production d'anticorps chez les chevaux.

Pour être pleinement efficaces, les vaccins doivent stimuler les cellules produisant la réponse immune acquise. Ajoutés lors de la fabrication, les adjuvants ont pour rôle d'amorcer la création des anticorps spécifiques à la maladie pour laquelle le vaccin a été mis au point. Résultat : les adjuvants augmentent, accélèrent et prolongent la réponse immunitaire, en particulier dans le cas de vaccins contenant des agents infectieux morts ou inactivés, trop faibles pour donner à eux seuls le signal de danger à l'organisme.

Par ailleurs, les adjuvants permettent d'optimiser la quantité d'antigène contenue dans le vaccin, et ainsi de limiter le risque de réactions négatives de l'organisme. En revanche, les vaccins vivants atténués, tels que ceux contre la rougeole, les oreillons et la rubéole ou contre la fièvre jaune, ne nécessitent pas de tels adjuvants : les antigènes qu'ils contiennent sont suffisants pour activer la réponse immunitaire.

« L'ensemble des données disponibles conduisent aujourd'hui les experts à considérer les sels d'aluminium comme l'adjuvant de choix pour augmenter l'efficacité des vaccins dirigés contre des pathogènes requérant des taux importants d'anticorps pour leur prévention », peut-on lire du côté de l'Agence nationale de sécurité du médicament et des produits de santé (ANSM). Créée en 1993, cette agence publique française, composée de milliers d'experts réguliers ou occasionnels, a pour fonction d'évaluer les risques sanitaires des médicaments et des produits de santé destinés à l'être humain. Utilisés dès 1927, les sels d'aluminium, ou hydroxydes d'aluminium, sont aujourd'hui les adjuvants les plus utilisés dans les vaccins impliquant des agents infectieux inertes.

Les sels d'aluminium sur la sellette

Malgré presque un siècle d'utilisation par l'industrie pharmaceutique et les centaines de millions de doses injectées, l'innocuité des sels d'aluminium fait aujourd'hui l'objet de plusieurs controverses, notamment dans l'Hexagone.

Présent partout dans l'environnement, y compris dans l'air, le sol, l'eau et les aliments, l'aluminium est ingéré quotidiennement par les humains à hauteur de quelques milligrammes, lorsqu'il n'est pas appliqué à même la peau à travers l'utilisation de certains déodorants ou d'autres produits cosmétiques. À titre de comparaison, une capsule d'antiacide, destiné à soulager les brûlures d'estomac, contient entre 300 et 600 mg d'hydroxyde d'aluminium, contre une limite haute de 0,85 mg imposée pour les vaccins. Grâce à la barrière digestive, seulement 5 % de l'aluminium ingéré oralement est absorbé par l'organisme.

S'il est injecté directement dans le muscle, une part de l'hydroxyde d'aluminium se dissout lentement dans les tissus, le restant est drainé par les capillaires sanguins. Par conséquent l'aluminium se retrouve dans le sang et il échappe à cette barrière intestinale. La majeure partie de la dose présente dans le sang (83 %) est alors évacuée par la voie urinaire et près de 2 % par la voie fécale dès le treizième jour après la vaccination, les 15 % restant déclinant lentement après cette date.

En 1994, des chercheurs de l'université de Colombie-Britannique, au Canada, ont montré que, chez le rat, la quantité résiduelle d'aluminium retenue par l'organisme se distribue dans les os (0,9 % d'une dose injectée par intraveineuse), les reins (0,2 %), le foie (0,06 %), et à peine 0,01 % parviendrait à traverser la barrière hématoencéphalique pour atteindre le cerveau. En 1997, une équipe américaine de l'université Purdue, dans l'Indiana, a suivi grâce à des traceurs radioactifs le parcours de 0,85 mg d'aluminium injecté à même les tissus musculaires de deux lapins blancs de Nouvelle-Zélande. Pendant vingt-huit jours, les chercheurs ont mesuré la concentration d'aluminium dans le sang, les urines et les organes des animaux, et ont ainsi mis en lumière un schéma d'absorption de la substance relativement identique à celui cité précédemment. Et de conclure que des mécanismes *in vivo* permettent à l'organisme d'éliminer la grande majorité des adjuvants à base d'aluminium après vaccination.

L'aluminium et le cerveau

Si, à l'heure actuelle, aucun lien n'a pu être établi entre la présence d'aluminium dans les vaccins et certains troubles de la santé, le neurologue Romain Ghérardi, chef du service neuromusculaire à l'hôpital Henri-Mondor de Créteil, milite depuis plus de trente ans pour approfondir notre connaissance sur cette substance vaccinale. Pointant du doigt la faiblesse de l'étude de 1997, sur laquelle la communauté scientifique s'appuie pour démontrer l'innocuité des adjuvants aluminiques, le chercheur soupçonne depuis longtemps la faible portion d'aluminium absorbée par le cerveau d'être responsable de troubles cognitifs chroniques.

L'histoire des adjuvants aluminiques n'est pas nouvelle. À la fin des années 1990, les chercheurs découvrent chez un nombre très limité de patients des cristaux d'aluminium localisés au point d'injection du vaccin, laissant une marque sur la peau ressemblant à un tatouage. Décrites pour la première fois en août 1998, ces lésions musculaires, répondant au nom barbare de « myofasciite à macrophage », ont un lien direct avec l'injection de l'aluminium contenu dans le vaccin : c'est en tout cas ce que reconnaît aujourd'hui l'OMS. Entre 2002 et 2017, cinq cent quinze cas de myofasciite à macrophage sont ainsi déclarés et concernent, dans deux tiers des cas, des femmes vaccinées contre le virus de l'hépatite B. Cinq à dix ans plus tard, une partie de ces patients rapporte des signes cliniques dans l'année ayant suivi la vaccination à base d'aluminium : fatigue chronique ou troubles cognitifs. Des témoignages à retardement, donc, qui peinent à convaincre d'une relation causale entre les lésions musculaires et ces symptômes. Qu'il s'agisse de l'Académie nationale de médecine en 2012, du Haut Conseil de santé publique en 2013, ou de l'Académie nationale de pharmacie en 2016, toutes ces instances scientifiques publient des rapports réfutant un lien de causalité entre les signes cliniques rapportés par ces patients et la présence d'aluminium dans les vaccins.

Sous la pression de l'Association des malades de la myofasciite à macrophage, l'ANSM alloue en 2013 une enveloppe budgétaire au laboratoire de Romain Ghérardi afin de creuser la question. Les résultats, parus dans la revue *Toxicology* en janvier 2017, évoquent « une accumulation d'aluminium à long terme et des effets neurotoxiques » chez les rongeurs auxquels les chercheurs ont administré des doses d'adjuvant aluminique plus ou moins fortes. En notant les performances cognitives et motrices de ces souris femelles grâce à une série de huit tests, les chercheurs observent chez certaines d'entre elles des troubles du comportement et une baisse d'activité physique à la suite de l'injection. Plus surprenant : les chercheurs ne parviennent pas à établir de relation linéaire entre la dose injectée dans le muscle du rongeur et les troubles du comportement constatés. En d'autres termes, une quantité infime d'aluminium suffirait à provoquer ces troubles. « La dose ne fait pas le poison », concluent les auteurs de l'article.

Ces derniers vont même plus loin : il existerait une prédisposition génétique à réagir à l'aluminium. Les scientifiques pensent avoir identifié sept gènes impliqués chez les patients ayant développé des troubles neurologiques après vaccination. Une analyse très préliminaire, de l'aveu même de l'équipe, mais suffisamment prometteuse pour l'avoir encouragée à déposer un brevet. Si une telle intolérance aux adjuvants aluminiques était détectable par un simple test génétique, les retombées industrielles pharmaceutiques s'avéreraient particulièrement lucratives... À chacun ses perspectives de rentabilité.

L'ANSM, à qui les chercheurs ont soumis les résultats, rend en mars 2017 un avis partagé. Parmi les trois experts indépendants sollicités, l'un n'a pas été convaincu par la méthodologie ni les hypothèses avancées par l'étude, tandis que son collègue y voit des « résultats particulièrement innovants ». Si le Conseil scientifique de l'ANSM, indépendant de la direction de l'Agence, encourage quant à lui « des approfondissements », il rappelle néanmoins que « les résultats des études de l'équipe du professeur Ghérardi, ainsi que l'ensemble des rapports et publications disponibles à ce jour, ne modifient pas le rapport bénéfice/risque positif des vaccins contenant de l'aluminium, pour lesquels il existe un recul d'utilisation avec des centaines de millions de vaccins administrés dans le monde depuis près d'un siècle ».

En d'autres termes, le risque de ne pas se faire vacciner contre une maladie reste beaucoup plus important que celui représenté par les adjuvants à base d'aluminium, s'il se voyait un jour confirmé. Une évidence que Ghérardi ne remet d'ailleurs pas en question, même s'il déplore le manque de soutien institutionnel pour poursuivre ses recherches. L'argent : encore et toujours le talon d'Achille de la recherche fondamentale...

Devoir de transparence

Le 9 mars 2016, la justice rend un non-lieu dans l'enquête sur les vaccins contre l'hépatite B, concluant à l'absence de « causalité certaine » entre cette vaccination et l'apparition de certaines pathologies, notamment neurologiques. Cette décision marque la fin de plus de dix-sept années de rebondissements. En 2002, un premier rapport accuse les pouvoirs publics d'avoir vanté plus que de raison les avantages du vaccin. Un avis contredit par une seconde expertise en 2006, dans laquelle les experts se montrent simplement réservés sur la nécessité de vacciner « les jeunes et des adultes ne présentant pas *a priori* de facteur de risque ».

En 2010, plusieurs cas de narcolepsie sont signalés en Finlande et en Suède chez des personnes s'étant prémunies contre la grippe H1N1 grâce au vaccin Pandemrix. Confirmée par plusieurs études scientifiques, cette augmentation du risque de narcolepsie chez l'enfant et le jeune adulte est rapidement prise en compte par les autorités de santé européennes, qui engagent une réévaluation du bénéfice/risque du vaccin en question.

Ces deux exemples ont le mérite de rappeler que chaque vaccin est unique et doit être évalué comme tel. L'ennui, c'est que chaque fait divers vaccinal est susceptible de remettre en cause l'efficacité du principe même de la vaccination, qui ne fait pourtant aucun débat. Tétanisées à l'idée d'alimenter la défiance à l'égard des vaccins, les autorités sanitaires ont tendance à adopter une position défensive devant les effets indésirables potentiels d'un vaccin, qui sont pourtant l'apanage de tout nouveau médicament.

Or, ce manque de transparence n'a d'autre effet que d'alimenter toujours un peu plus la défiance du grand public, qui peut, sans information claire, surestimer à son tour les risques induits par la vaccination. « Les autorités communiquent sur un plan, celui du bénéfice collectif, qui n'est pas celui des parents, qui s'intéressent au bénéfice individuel pour leur enfant », estime, dans *Le Monde*, Anne Chailleul, vice-présidente de Formindep, une association destinée à « favoriser une formation et une information médicales indépendantes » et régulièrement en guerre contre les conflits d'intérêts. « De surcroît, faire aussi bruyamment appel au sens du devoir donne à la vaccination une tonalité bizarrement sacrificielle. »

La myofasciite à macrophage est loin d'être le seul mal dont les vaccins seraient responsables, selon certains mouvements ouvertement hostiles à ce principe de précaution médicale. La vaccination reste la cible idéale pour quiconque cherche à expliquer l'apparition – y compris des années après l'injection – d'une maladie dont on connaît mal l'origine. Autisme, maladies inflammatoires, lésions au cerveau, sclérose en plaques, asthme ou allergies, syndrome de la mort subite du nourrisson, cancer, diabète, paralysie faciale : il est très tentant de faire de l'injection d'une substance étrangère le bouc émissaire de maux en tous genres...

À ce titre, la vaccination a souvent fait l'objet de rumeurs particulièrement malhonnêtes, l'inconscient collectif étant une cible de choix pour qui veut semer le doute. On se souvient des sorties d'un Donald Trump ouvertement hostile au principe de vaccination chez les enfants, parce qu'il était persuadé qu'il existait un lien entre les vaccins et l'autisme – une relation fermement rejetée par la science. Devant une extraordinaire recrudescence de la rougeole aux États-Unis, il a cependant changé d'avis de façon spectaculaire en avril 2019 : cette maladie, officiellement éradiquée dans le pays en 2000, a fait un retour fracassant avec sept cents malades rapportés en seulement quatre mois. Sans parler de l'apparition de la COVID-19, contre laquelle Trump, oubliant sa prévention initiale, a rapidement réclamé corps et âme la mise au point d'un vaccin, quitte à court-circuiter les mécanismes standards d'approbation d'un nouveau médicament par la Food and Drugs Administration.

Le coronavirus et les « pox parties »

On pourrait croire que la pandémie de COVID-19 a définitivement plié le débat en faveur des vaccins. Pourtant, certains résistent encore et toujours à l'injection de composés exogènes dans leur chair. Les théories les plus extravagantes circulent sur la toile : les vaccins contre le coronavirus propageraient d'autres maladies ; ils seraient utilisés pour implanter des puces électroniques dans l'organisme ; Bill Gates se servirait du continent africain pour tester un vaccin en toute impunité, des essais qui auraient déjà entraîné la mort de sept enfants sénégalais. En avril 2020, en pleine première vague du coronavirus, une vidéo affirmant qu'un vaccin anti-COVID entraînerait la mort de millions d'individus a rapidement dépassé les huit millions de vues.

Comme moyen de lutte parallèle, on a vu apparaître des « fêtes COVID », dans l'État de Washington, sur la côte ouest américaine. Elles sont destinées à mettre en contact des victimes du virus avec des personnes non infectées, dans l'espoir que ces dernières développent une forme d'immunité. Cette pratique s'inspire des *pox parties*, courantes dans les États-Unis des années 1950 : parce que l'on considère que le virus est moins dangereux lorsqu'il est contracté pendant l'enfance qu'à l'âge adulte (ce qui est le cas des oreillons, de la rougeole, de la rubéole ou encore de la varicelle), on réunit des enfants sains et des enfants malades. Ces *pox parties* sont toujours très prisées dans les cercles anti-vaccins, qui y voient une méthode 100 % naturelle d'acquérir une immunité. En avril 2019, elles ont provoqué une recrudescence des cas de rougeole dans la communauté juive de New York.

Ne pas baisser la garde

Ce manque de vigilance vaccinale vis-à-vis de maladies que l'on croit disparues est sans doute l'aspect le plus dangereux des discours anti-vaccins, dont les répercussions peuvent être fulgurantes. Au Japon, par exemple, la couverture vaccinale contre la coqueluche est tombée de 80 % à 10 % des enfants entre 1974 et 1979. Malheureusement, le nombre de malades a quant à lui bondi de 393 à 13000 cas, entraînant la mort de 41 personnes.

Alors qu'on espérait pouvoir éliminer la rougeole en France, une réapparition de la maladie a été observée depuis 2008, avec plus de 23 300 cas déclarés en sept ans, la grande majorité des malades ayant été insuffisamment (les rappels ayant été négligés), voire pas du tout vaccinée. Près de 1 500 personnes ont présenté des complications pulmonaires justifiant une hospitalisation, 34 ont été victimes d'une complication neurologique et 10 sont décédées. Au premier semestre 2019, ce sont près de 90000 Européens qui ont été touchés par la recrudescence de l'épidémie, 37 n'ont pu en réchapper.

Il est d'ailleurs intéressant de constater l'écart flagrant entre la méfiance vaccinale de la population française et celles du Bangladesh ou du Rwanda, où la quasi-totalité de la population dit avoir confiance dans la sûreté et l'efficacité des vaccins. Dans ces pays où les maladies contagieuses sont plus nombreuses et ont souvent des conséquences autrement dramatiques qu'en Europe, les effets de la politique de vaccination sont concrets et immédiats.

En France, le risque de contracter une maladie, puis d'en développer des complications fatales, est limité grâce à une couverture vaccinale plus large des populations et à la prise en charge par un système de santé compétent. Paradoxalement, ne pas se faire vacciner n'apparaît plus comme un acte risqué ou irresponsable aux yeux de la population. C'est l'effet de « laisser-aller », exacerbé par l'idée selon laquelle nous nous ferions vacciner contre des maladies qui n'existeraient plus.

C'est en effet le cas de la variole éradiquée grâce aux différentes campagnes de vaccination – le dernier cas de variole contracté de manière naturelle fut diagnostiqué à Merka en Somalie, le 26 octobre 1997. Il n'y a donc plus besoin de se faire vacciner contre ce virus disparu. En revanche, le vaccin contre la diphtérie est toujours préconisé, non pas pour éliminer la maladie, mais pour en limiter les effets nocifs. La bactérie responsable de la maladie circule toujours, mais de manière silencieuse et bénigne, grâce à la vaccination.

À cette amnésie collective du rôle essentiel de la vaccination dans l'histoire de l'humanité, s'ajoute l'image désastreuse de l'industrie pharmaceutique aux yeux du grand public. Cette dernière est en effet régulièrement empêtrée dans des scandales sanitaires et accusée de privilégier ses intérêts au détriment de l'intérêt public. Enfin, la défiance à l'égard de la classe politique en général, seule à même d'imposer légalement les vaccins obligatoires, complète un cocktail explosif visant à rejeter en masse des actes médicaux qui nous veulent pourtant du bien.

La puissance du web

En mai 2020, des physiciens de l'université George-Washington, dans la capitale américaine, ont analysé plus de mille trois cents pages Facebook traitant de la question des vaccins et rassemblant quatre-vingt-cinq millions de *followers*. Les chercheurs ont ainsi produit une carte qui n'est pas pour rassurer les professionnels de santé.

Les pages anti-vaccins ont certes moins d'adeptes déclarés (4,2 millions) que celles pro-vaccins (6,9 millions), mais elles sont entre deux et trois fois plus nombreuses et leur nombre croît plus rapidement. De plus, elles sont bien davantage reliées à des pages intéressées par la question, mais sans avis tranché, telles que celles des associations de parents d'élèves. Des lieux de débat, des « champs de bataille », délaissés par les pages pro-vaccins destinées à expliquer les avantages et les arguments scientifiques de la vaccination à un public déjà acquis à leur cause.

Lors d'une épidémie de rougeole en 2019, les pages anti-vaccination ont ainsi généré plus de liens que les pages pro-vaccination sur Facebook. Si cette tendance continue, préviennent les chercheurs, les pages anti-vaccins domineront les discussions en ligne d'ici une dizaine d'années.

Dans ce contexte, chaque prise de parole publique, en particulier de la part de scientifiques ou d'experts plus ou moins autoproclamés, au sujet des vaccins peut avoir des conséquences immédiates sur notre santé collective. Il est par conséquent d'autant plus difficile d'écouter sereinement les propos de Luc Montagnier, colauréat du prix Nobel de médecine en 2008 pour la découverte du VIH vingt-cinq ans plus tôt.

Anti-vaccins notoire et régulièrement pointé du doigt pour certains propos relevant de la pseudoscience, le biologiste français déclarait, le 7 novembre 2017 au théâtre des Mathurins, aux côtés d'Henri Joyeux : « Nous sommes ici non pas pour créer des polémiques, mais [...] pour lancer une alerte à la France, à tout le pays, et aussi même au monde, parce que c'est un problème général. L'alerte, c'est que nous risquons, avec des bonnes volontés au départ de vaccins, d'empoisonner petit à petit toute la population qui va nous succéder. »

Des propos irresponsables qui ont poussé cent six académiciens des sciences et de médecine à s'opposer publiquement aux dérives des deux médecins : « Nous, académiciens des sciences et/ou académiciens de médecine, ne pouvons accepter d'un de nos confrères qu'il utilise son prix Nobel pour diffuser, hors du champ de ses compétences, des messages dangereux pour la santé, au mépris de l'éthique qui doit présider à la science et à la médecine. »

La vraie menace sanitaire

En 2019, l'OMS classait la méfiance envers les vaccins parmi les dix plus grandes menaces sanitaires pour le monde, rappelant que l'absence de vaccination peut entraîner des morts évitables. Une mise en garde particulièrement pertinente depuis l'arrivée du coronavirus. Craignant que ces activités de porte-à-porte n'accélèrent la propagation du coronavirus, certains pays ont stoppé net plusieurs dizaines de campagnes massives de vaccination. « Les vaccins représentent l'un des outils les plus puissants de l'histoire de la santé publique, et plus d'enfants sont vaccinés que jamais auparavant, rappelle Tedros Adhanom Ghebreyesus, directeur général de l'OMS. Toutefois la pandémie a mis ces acquis en danger. Les souffrances et les décès évitables causés par cette situation où les enfants ne bénéficient pas de la vaccination systématique pourraient être beaucoup plus importants que la COVID-19. »

Les nouveaux vaccins à base d'ARN messager

L'annonce de la mise au point de nouveaux vaccins contre la COVID-19 suscite déjà de nombreuses inquiétudes. Si leur principe de base reste inchangé (pousser l'organisme à développer ses propres anticorps afin de se protéger contre une attaque virale ultérieure), la méthode utilisée diffère quelque peu des vaccins que l'on a décrits plus haut. Ces nouveaux vaccins sont élaborés à base d'acide ribonucléique messager (ARNm). L'ARNm est une molécule tout à fait commune des organismes vivants. Copie complémentaire de l'ADN, elle a pour rôle de transporter l'information génétique à l'extérieur du noyau des cellules, dans le cytoplasme, afin d'enclencher la production des protéines.

Le mode de fonctionnement de ces vaccins nouvelle génération consiste à provoquer la production de fragments des agents infectieux par les cellules de l'individu vacciné elles-mêmes. Pour ce faire, des molécules d'ARNm spécifiques sont directement injectées dans les cellules musculaires, elles permettent de coder la production d'une protéine particulière de l'agent pathogène – ici, la protéine Spike, présente à la surface du coronavirus. Ces protéines étrangères (quoique synthétisées dans les cellules) doivent provoquer la réponse immunitaire de l'organisme.

Les avantages sont multiples. S'il est relativement complexe de concevoir une protéine et de la synthétiser en laboratoire, il est facile, rapide et tout à fait courant de synthétiser un ARN. Un coup de pouce bienvenu en période de pandémie, où le monde médical est lancé dans une véritable course contre la montre. De tels vaccins doivent aussi être plus efficaces, puisqu'ils activent plus précisément la réponse immunitaire, ils ne nécessitent donc pas l'ajout des adjuvants tant décriés.

D'où la question : pourquoi de tels vaccins n'ont-ils pas été mis au point avant la pandémie ? En réalité, la technologie à base d'ARNm n'est pas nouvelle. Mais les chercheurs étaient jusqu'ici confrontés à plusieurs problèmes, principalement liés à la grande taille des molécules d'ARN. Dix fois plus grosses que les antigènes généralement injectés dans un vaccin traditionnel, ces molécules peinaient à circuler dans l'organisme.

Les moyens inédits alloués à ces recherches en 2020, ainsi que le nombre impressionnant de personnes ayant contracté le virus, ont eu raison de ces obstacles : les chercheurs sont parvenus en un temps record (même s'il semble beaucoup trop long pour certaines populations confinées pendant des mois et des mois) à passer à la fameuse phase III des essais cliniques (soit comparer l'efficacité du nouveau médicament, ou vaccin, au placebo ou à un médicament/vaccin de référence, s'il existe).

Une dernière inquiétude monte : ne risque-t-on pas, en s'injectant des fragments de code génétique étranger dans le corps, de modifier notre propre génome, voire celui de la lignée humaine ? Ce danger est inexistant : dès qu'il a déclenché la réaction immunitaire, l'ARN étranger est très rapidement éliminé par l'organisme. De surcroît, l'injection est très localisée, principalement dans le tissu musculaire. Il est donc impossible que la molécule d'ARN réussisse à atteindre les cellules des organes reproducteurs. Par conséquent, l'information génétique qu'elle véhicule ne peut être transmise aux générations suivantes. Enfin, à aucun moment l'ARN ne peut pénétrer dans le noyau des cellules où est conservé l'ADN. Le patrimoine génétique humain reste dans ce cas en parfaite sécurité.

Chapitre III
La PMA pour toutes

« La conception délibérée d'un enfant privé de père
constitue une rupture anthropologique majeure
qui n'est pas sans risques pour le développement psychologique
et l'épanouissement de l'enfant. »

ACADÉMIE DE MÉDECINE, le 21 septembre 2019.

Avec 153 voix pour et 143 voix contre, le Sénat adopte de justesse, en première lecture le 4 février 2020, le projet de loi bioéthique ouvrant le droit à la procréation médicalement assistée (PMA) à toutes les femmes, seules ou en couple. Un an plus tôt, des dizaines de milliers de militants de la Manif pour tous et d'autres collectifs battaient le pavé au rythme de slogans tels que « Liberté, égalité, paternité », soulignant le risque, selon eux, d'élever des enfants « sans père ». Au-delà des convictions intimes et des expériences vécues par chacun, que dit la science du développement physiologique et psychique des enfants nés de PMA ? Deux femmes peuvent-elles élever des enfants convenablement ? L'extension de la PMA à toutes les femmes représente-t-elle, comme l'a souligné l'Académie de médecine dans son rapport du 21 septembre 2019, une « rupture anthropologique majeure » ?

La procréation, une histoire d'époque

Contrairement aux messages véhiculés par les promoteurs d'une espèce humaine vivant selon les « lois sacrées de la nature », nécessairement inviolables, les sociétés humaines ont longtemps cherché à détourner des situations empêchant l'individu de se reproduire. Les couples infertiles font appel à des mères porteuses depuis l'Ancien Testament. Mentionnée dans le chapitre seize de la Genèse, la femme d'Abram, Saraï, incapable d'enfanter, lui offre Agar, sa servante égyptienne, pour porter sa descendance. À l'époque de la Rome antique, le devoir de concevoir est au cœur même de la notion d'un couple où les femmes ont pour mission d'assurer la continuité familiale et la transmission des biens ; elles s'engagent donc à enfanter et à seconder leurs maris dans leurs projets civiques.

Dans un contexte de mortalité infantile particulièrement élevé et compte tenu de l'injonction, pour les hommes, de concevoir une descendance juridiquement légitime, le recours à une mère porteuse n'est pas rare : c'est même une tradition. Juridiquement, si l'épouse est stérile, et si elle en exprime la volonté, son mari peut concevoir des héritiers avec une autre femme, rompant ainsi son union initiale quitte à la reconstituer par la suite. « Issus de l'union et de la semence de l'un, ils relevaient aussi du droit et du pouvoir de l'autre », explique au début du Ve siècle le philosophe et théologien romain Saint-Augustin dans son essai *Le Bonheur conjugal*. Pour les hommes renonçant à avoir une progéniture de leur sang, l'adoption marquée par le transfert d'un enfant d'une famille à une autre est une solution usuelle, mais assez éloignée de notre conception actuelle du « désir d'enfant ». Tout comme le divorce, rarement motivé à l'époque par des motifs amoureux, mais avant tout par la perspective d'une seconde union plus féconde que la première.

La bourgeoisie du XIXe siècle en mal de descendance ne se prive pas non plus d'avoir recours à une femme chargée de livrer un enfant en toute confidentialité. Et si la première insémination artificielle intraconjugale a lieu en Écosse dès la fin du XVIIIe siècle, c'est dans les années 1940 que les immenses progrès médicaux permettant d'enfanter sans avoir recours à une personne tierce changent considérablement la donne. Le 25 juillet 1978, la naissance du premier bébé-éprouvette au monde, Louise Brown, en Grande-Bretagne, marque un nouveau tournant dans l'univers de la procréation médicalement assistée. Cette nouvelle technique de fécondation *in vitro* (FIV) d'un ovocyte par un spermatozoïde – préalablement prélevés chez les parents – hors de l'environnement intra-utérin, vaut au physiologiste Robert Edwards le prix Nobel de médecine en 2010.

L'innocuité de la PMA

On estime aujourd'hui qu'une naissance sur quarante est issue des techniques de PMA. Elles sont principalement réservées aux couples hétérosexuels confrontés à des difficultés à procréer, situation considérée comme une pathologie nécessitant des soins médicaux. Avant même d'être envisagée pour les femmes seules et les couples homosexuels, la PMA a été l'objet de beaucoup d'interrogations du corps médical et social concernant l'intégrité physique de ces enfants-éprouvette, mais aussi leur bien-être psychique, compte tenu des conditions particulières de leur conception. Si certains puristes de la nature, proches d'associations promouvant des modèles familiaux traditionnels, brandissent une poignée d'études alarmantes sur la santé des enfants nés d'une PMA, il est admis que les protocoles actuels permettent de donner naissance à des bébés en bonne santé.

Reste alors la question du développement émotionnel et cognitif de ces enfants, mais aussi celle de l'impact d'un processus parfois long et difficile sur le psychisme des parents. Contrairement à une grossesse naturelle, vivre une PMA génère des périodes de deuil à la prise de conscience de la stérilité, à chaque tentative qui échoue et, finalement, beaucoup d'angoisse exacerbée : pourra-t-on enfanter un jour ? S'il n'est pas prouvé qu'une grossesse obtenue par des méthodes de PMA se déroule différemment d'une grossesse obtenue naturellement, la préciosité du processus entraîne inévitablement une anxiété accrue de la part des parents. Angoisse au sujet de la survie du fœtus, puis au moment de l'accouchement pour que le bébé soit en bonne santé, mais aussi quant à l'attente, souvent irrationnelle, de futures difficultés durant l'enfance.

Une étude menée en 1997 et parue dans la revue *Human Reproduction* notait que les mères dont l'enfant était né par FIV s'inquiétaient davantage du comportement de leur bébé âgé de seulement 4 mois. Malgré les constatations objectives des chercheurs selon lesquels le comportement social de leur bambin était parfaitement normal, les mères par FIV continuaient de croire que leur enfant avait plus de problèmes comportementaux et un caractère plus difficile que les enfants conçus naturellement. Une idée reçue profondément ancrée dans les esprits en cette fin des années 1990, que seul un regard différent de la société, plus bienveillant, permet aujourd'hui d'atténuer.

En effet, les recherches empiriques montrent désormais que la plupart des parents surmontent rapidement le vécu traumatique lié à la stérilité et aux techniques médicales de la PMA, ce qui leur permet de construire des relations normalisées avec leur enfant. En 2015, l'analyse de dix-huit études différentes, menée par une équipe du service de psychiatrie d'adultes du CHU de Bicêtre et publiée dans le journal *European Psychiatry*, montre que, pour les femmes ayant bénéficié d'une aide médicale à la conception, le risque de développer des symptômes dépressifs, survenant habituellement chez 13 à 15 % des mères dans l'année suivant l'accouchement, n'est pas majoré. Ces résultats, à contre-courant des idées reçues, illustrent par ailleurs tristement la tendance de la recherche sur les enfants nés d'une PMA à se focaliser sur la relation mère-enfant, au détriment flagrant de la relation père-enfant.

La littérature scientifique est également incapable de prouver que les risques émotionnels ou cognitifs sont accrus du fait de la PMA chez les enfants. Comme le rappellent les conclusions d'une autre compilation d'études menées sur les enfants nés d'une PMA et issus de couples hétérosexuels parue en 2006 : « Malgré les préoccupations sur ce sujet, les recherches n'ont pas permis d'objectiver de troubles spécifiques, ni même de préciser des facteurs de risque de distorsions du développement émotionnel ou cognitif des enfants concernés. Certaines de ces recherches ont même montré des éléments très positifs quant au développement des enfants et à la relation parent-enfant. » Ces résultats, inattendus de l'aveu même des auteurs de la synthèse, peuvent s'expliquer du fait que ces enfants tellement désirés et résultant d'un long cheminement personnel naissent dans des couples – par ailleurs généralement plus âgés et bénéficiant d'une certaine aisance financière – mieux préparés à leur rôle parental.

PMA sans père

Dans ce contexte d'absence de risque avéré pour les enfants nés d'une PMA, le débat scientifique autour de l'extension de la procréation médicalement assistée aux femmes seules ou en couple homosexuel se cristallise naturellement sur une question précise : avec ou sans PMA, les enfants peuvent-ils grandir et se développer normalement au sein de structures non traditionnelles telles que les familles mono- ou homoparentales ? C'est bel et bien ce risque, inhérent à la « PMA sans père », qui est brandi par tous les opposants de la loi de bioéthique relative à la procréation médicalement assistée, en particulier dans les rangs de la Manif pour tous.

Dans son avis officiel, l'Académie de médecine estime d'ailleurs que l'ouverture de l'accès à la PMA aux femmes lesbiennes et aux célibataires « n'est pas sans risques pour le développement psychologique et l'épanouissement de l'enfant ». La question soulevée est donc celle de l'absence de père, une figure qui reste selon les signataires de l'avis « fondatrice » pour l'enfant. Cette position est cependant pour le moins étonnante au regard des résultats des quelque sept cents études scientifiques recensées sur le sujet depuis les années 1970.

Lorsque Susan Golombok, directrice du Centre de recherche familiale de l'université de Cambridge, commence à étudier les mères lesbiennes, en 1976, l'idée communément répandue est qu'une femme est soit homosexuelle, soit mère. Comme elle le raconte dans l'ouvrage collectif *Homoparentalité : état des lieux* : « L'idée qu'une femme lesbienne puisse également être mère n'avait pas effleuré la majorité de la population. L'appellation de "mère lesbienne" apparaissait en fait comme un non-sens. »

À cette époque, les mères homosexuelles se font connaître du public lorsqu'un journal londonien rapporte que des lesbiennes fréquentent une clinique privée dans le but de concevoir un enfant au moyen de l'insémination par donneur. À peu près à la même époque, un nombre croissant de lesbiennes en instance de divorce se trouvent impliquées dans des querelles juridiques au sujet de la garde des enfants. Dans l'écrasante majorité des cas, ces femmes perdent la bataille, prétendument dans l'intérêt de leur progéniture.

Aux États-Unis, les premières études scientifiques sont entreprises à la demande de magistrats et de travailleurs sociaux, afin de décider si l'on peut raisonnablement confier la garde d'un enfant à un parent homosexuel. Les craintes sont alors nombreuses. Les enfants élevés par des parents homosexuels présentent-ils davantage de probabilité de devenir homosexuels à leur tour ou, *a minima*, de « souffrir » d'une identité sexuée atypique ? Les garçons seraient-ils moins virils et les filles moins féminines que leurs petits camarades élevés par des couples hétérosexuels ? Ces enfants risquent-ils d'être victimes d'abus sexuels de la part de leur parent homosexuel ou de son entourage – soulignant ici les effroyables idées reçues assimilant l'homosexualité masculine à la pédophilie ? Ces enfants ont-ils tendance à développer des troubles émotionnels et comportementaux, notamment en raison des brimades et de l'ostracisme de la part de leurs camarades ? En France, ce genre d'études prend forme à la fin des années 1990 à la faveur des débats autour du PACS autorisant l'union juridique entre des personnes de même sexe, première étape vers l'élaboration d'un modèle familial non traditionnel.

De nombreux chercheurs se sont proposé de compiler ces centaines de travaux afin d'en dégager des tendances. Le moins que l'on puisse dire, c'est que ces sept cents études scientifiques – trop nombreuses pour être énumérées ici – font émerger un consensus écrasant quant à l'absence d'effet notable sur les enfants élevés par des parents homosexuels. Les scientifiques n'ont pourtant pas manqué d'imagination pour scruter à la loupe une myriade de paramètres chez ces enfants, telles leurs préférences dans le choix des jeux – à tendance masculine ou féminine –, des vêtements qu'ils portent, des rôles qu'ils interprètent dans les jeux imaginaires, des dessins de leur enfance, etc. Examinés comme des rats de laboratoire, ces enfants-cobayes ont été invités à remplir des questionnaires tout au long de leur enfance afin que l'on puisse débusquer chez eux d'éventuels troubles du comportement : difficultés émotionnelles, repli sur soi, anxiété, dépression, écarts de conduite, délinquance, agressivité, asociabilité, hyperactivité, mesestime de soi, et bien d'autres encore.

La plus longue étude du genre, débutée en 1986, a été menée par Nanette Gartrell, médecin et psychiatre passée par Stanford, Harvard, l'université de Californie ou encore l'institut Williams. Initiée par des homosexuelles, mais réalisée par une équipe internationale de chercheurs, la « National longitudinal lesbian family study » a suivi le parcours de soixante-dix-huit enfants de couples de femmes, de leur naissance jusqu'à leur 25 ans. Fondée sur les nombreux entretiens et les questionnaires remplis à la fois par les parents et par les enfants participants, l'étude publiée en 2010 dans la revue américaine *Pediatrics* n'identifie aucune différence entre la santé mentale de ces enfants et celle de la population générale.

Pour les quelques études minoritaires faisant état de problèmes d'adaptation de la part des enfants de couples homoparentaux, d'autres facteurs que la simple orientation sexuelle des parents entrent le plus souvent en jeu.

C'est du moins la conclusion de Susan Golombok dans une étude publiée en 2017 : « La qualité des relations interpersonnelles au sein d'une famille est plus importante pour le développement d'un enfant que la structure dans laquelle il grandit. » En France, Stéphane Nadaud, à la tête de l'unité d'hospitalisation pour adolescents à l'hôpital de Ville-Evrard, en Seine-Saint-Denis, a étudié une cohorte de cinquante-huit enfants âgés de 4 à 16 ans. Pour lui, ceux « qui semblent avoir le plus souffert sont ceux nés d'une famille de parents hétérosexuels, puis qui ont vécu la séparation de leur père et de leur mère et qui sont ensuite éventuellement élevés par une famille homoparentale ». Des enfants de familles explosées, donc.

De faux raccourcis idéologiques

L'étude publiée par Marke Regnerus est un cas d'école de recherche idéologiquement orientée. En 2012, ce sociologue de l'université du Texas publie dans la revue *Social Science Research* une étude intitulée : « À quel point les adultes élevés par des parents homosexuels sont-ils différents ? », dont les conclusions deviennent rapidement le catéchisme des pourfendeurs du mariage pour tous. Selon cette enquête réalisée auprès de trois mille Américains âgés de 18 à 29 ans, les quelque deux cent cinquante individus élevés dans des familles dont au moins un parent est homosexuel ont davantage de risque de, pêle-mêle, être abusés sexuellement, faire une tentative de suicide, rencontrer des difficultés à s'intégrer sur le marché du travail ou encore être victimes de maladies sexuellement transmissibles. Liste non exhaustive...

Or, l'étude souffre de biais méthodologiques si flagrants que la communauté scientifique n'a eu aucun mal à les démonter. Ainsi, en rangeant dans la case « couple homoparental » toute famille dont le père ou la mère a eu au moins une relation homosexuelle, le chercheur compare avant tout des couples hétérosexuels stables à des couples où l'un des parents, homosexuel, est souvent séparé de l'autre parent biologique. La majorité des enfants ayant un parent homosexuel sont de fait, avant tout, des enfants de couples divorcés évoluant dans un modèle familial explosé aux relations chaotiques. Les différences relevées chez ces enfants se retrouvent d'ailleurs chez ceux des familles recomposées, hétérosexuelles ou non, ou de parents isolés.

L'homoparentalité en question

Les pourfendeurs de l'homoparentalité n'hésitent pas non plus à accuser l'autre camp de mener des travaux « partisans ». C'est d'ailleurs l'argument principalement utilisé pour démonter le consensus écrasant autour de l'absence d'effet notable chez les enfants de couples mono- ou homoparentaux. Des psychanalystes reprochent notamment aux études, à majorité anglo-saxonne, d'utiliser des échantillons de taille limitée, et de souffrir de biais dans le recrutement des participants. De fait, les familles homoparentales acceptant de participer à ces études ne sont généralement pas choisies par hasard : la plupart sont recrutées au sein d'associations militantes, ou grâce au bouche-à-oreille au sein de la communauté LGBT.

Une méthode qui pourrait en effet influer sur l'objectivité des répondants. En remplissant les questionnaires à partir desquels les chercheurs dressent leurs évaluations, les couples homoparentaux, conscients des enjeux qui se nouent autour de ces questions, pourraient être enclins à présenter leur situation sous un angle artificiellement optimiste. Une façon de démontrer que « tout va bien dans le meilleur des mondes ». Or, si c'est possible en ce qui concerne les parents, cette objection ne peut valoir auprès des enfants, en particulier lorsque les chercheurs observent leur comportement lorsqu'ils sont en bas âge. Par ailleurs, les questionnaires sont rédigés de sorte à prendre en considération ces biais subjectifs de sélection. Validées par la communauté scientifique, les questions sont posées de plusieurs manières différentes afin d'écarter tout risque d'incohérence, comme pour n'importe quelle étude en psychologie.

En outre, ces couples militants ne seraient pas représentatifs de la réalité sociologique de l'homoparentalité. En se focalisant sur des familles d'un niveau économique et social élevé, les études laisseraient de côté celles issues de milieux plus modestes et éloignées de la sociabilité propre à la communauté LGBT. En réalité, ces profils reflètent plutôt bien la réalité des familles homoparentales. Leur situation nécessite des ressources financières relativement confortables pour faire appel à des méthodes de procréation médicalement assistées, ainsi qu'une certaine familiarité avec le milieu associatif pour envisager de fonder une famille sur un modèle non traditionnel. De fait, les couples de femmes ayant entrepris des démarches pour recourir à la PMA sont généralement allées chercher des informations et de l'aide auprès de structures spécialisées. Pourquoi, dans ce cas, les échantillons tant décriés ne seraient-ils pas représentatifs de la réalité des familles homoparentales ? Enfin, dans un souci de diversification des cohortes étudiées, les chercheurs se tournent désormais de plus en plus vers les cliniques spécialisées dans les questions de fertilité et la presse généraliste pour recruter des participants.

Études pertinentes ou faussées, comment s'y retrouver ?

Les études sur les enfants de couples homoparentaux font-elles appel à trop peu de participants pour pouvoir dégager des effets significatifs ? Les scientifiques n'y voient rien d'anormal, rappelant qu'avec trente, soixante, cent, voire plusieurs centaines de sujets dans certains cas, ils manipulent des échantillons plus vastes encore que ceux généralement utilisés pour étudier des franges minoritaires de la population.

En réalité, remettre en question la taille des échantillons n'est pas toujours pertinent. Les études faisant intervenir moins de cinquante participants sont légion. C'est en combinant la taille des échantillons et celle des effets observés que l'on sera capable de se faire une idée de la solidité des résultats annoncés. Faire appel à un millier de participants afin de comprendre si visionner le « Club Dorothée » pendant l'enfance augmente les chances d'embrasser une carrière dans les arts vivants, à l'âge adulte, s'avère par exemple beaucoup plus délicat que de tester sur une quarantaine de personnes les effets d'un nouveau médicament. Mais comment s'y retrouver sans parcourir en détail les sept cents études disponibles sur le sujet ?

C'est la qualité des revues scientifiques qui les publient, qui doit avant tout être vérifiée. La plupart des journaux à comité de lecture font appel à des chercheurs spécialisés dans leur domaine de compétence. Ils sont chargés de relire, de manière anonyme, les articles proposés et de vérifier la méthode scientifique utilisée. Les méta-analyses, des « études de plusieurs études », agissent comme un filtre supplémentaire et permettent de trier les résultats scientifiquement convaincants des résultats aux corrélations douteuses, afin de dégager un consensus scientifique sur un domaine de recherche spécifique.

Le débat sur l'ouverture de la PMA à toutes les femmes est l'exemple flagrant d'une science accusée de traîner le poids mort de l'idéologie, quelle que soit la solidité de la méthode scientifique utilisée. D'un côté, des études minoritaires triées sur le volet par des militants peu sensibles aux droits civiques de la communauté LGBT et souvent guidés par des motivations religieuses. De l'autre, une majorité d'études volontairement discréditées par les détracteurs de l'homoparentalité, au seul prétexte que les résultats sont conformes aux attentes de la communauté LGBT. Le fait qu'il s'agisse d'une science « molle » dont la psyché humaine – dans toute sa complexité – est le centre d'étude, ne facilite pas l'exigence de neutralité.

Dans ce contexte, les résultats scientifiques ne suffiront pas à mettre tout le monde d'accord. Ils permettent néanmoins de s'affranchir des récits personnels, parfois déchirants de sincérité, mais peu représentatifs de la réalité vécue par le plus grand nombre. On trouvera ainsi des témoignages à briser le cœur de jeunes adultes ayant difficilement vécu leur enfance auprès de mères lesbiennes ou célibataires ou, au contraire, des histoires heureuses sur des parcours brillants d'enfants issus d'une PMA.

On se souvient des interventions d'Henri Guaino lorsqu'était débattu, en 2013, le projet de loi ouvrant le mariage aux couples de même sexe. Né de père inconnu et élevé par sa mère et sa grand-mère, celui qui était alors député des Yvelines avait partagé son histoire personnelle : « Vous ne saurez peut-être jamais quelles sont les blessures et les souffrances secrètes d'un enfant qui n'a pas de père. » Aussi sincère et pudique qu'ait été son témoignage, il n'aura pas permis d'apporter un éclairage scientifique, méthodique et rationnel sur la question.

La crainte de la stigmatisation

Certains n'hésitent pas à agiter la menace de voir émerger une génération d'enfants élevés par des couples homosexuels mal dans leur peau en raison du risque de stigmatisation de la part de leurs petits camarades ou de la société tout entière, encore peu rompus aux nouveaux modèles familiaux. À plus forte raison parce que la cour d'école reste le lieu privilégié pour les brimades et l'ostracisme envers quiconque tend à dévier de la norme.

Si les études anglo-saxonnes évoquent peu de situations de stigmatisation vécues par les enfants de familles homoparentales, ceux-ci admettent néanmoins contrôler les informations sur leur statut familial, distillées au compte-gouttes et de manière réfléchie en fonction de leurs interlocuteurs. En somme, ces enfants développent des stratégies naturelles pour se protéger des attaques extérieures. Cependant, face à toute autre situation discriminatoire – liée aux origines, à la religion, à l'orientation sexuelle –, il ne viendrait jamais à l'esprit de quiconque de pointer du doigt les victimes plutôt que les bourreaux. Le débat sur les familles homoparentales réussit cet exploit-là.

Devant l'absence de preuves scientifiques allant dans leur sens, les opposants à l'ouverture de la PMA aux femmes seules ou en couple avec une autre femme sortent un dernier argument massue, à l'instar de l'Académie de médecine : le risque d'une « rupture anthropologique majeure ».

Le terme « anthropologie », à consonance scientifique, a de quoi impressionner. Très floue, la définition de l'anthropologie se situe à la charnière entre sciences exactes et sciences humaines. Un anthropologue s'intéresse à tous les aspects des sociétés humaines à travers le monde : leurs cultures, leurs évolutions, leurs constitutions physiques. En invoquant l'anthropologie, l'Académie de médecine sous-entend que le détournement de la reproduction humaine de son rôle « naturel » vers une approche qui serait uniquement focalisée sur un prétendu « désir d'enfant » ferait basculer l'humanité vers une rupture de civilisation inédite dans son histoire.

Ainsi, la famille répondrait à un modèle inébranlable à travers les âges. Ainsi, une PMA sans père serait « contre nature ». Or, s'il y a bien un mot que les anthropologues évitent soigneusement d'employer, c'est celui de « nature ». L'œuvre entière du plus célèbre d'entre eux, Claude Lévi-Strauss, repose sur l'idée selon laquelle l'être humain n'a rien d'invariant, mais se distingue par ses règles sociales, par définition spécifiques, qu'il oppose à la notion même de nature immuable. Alimentation, façon de se vêtir, attitudes affectives, mœurs, conception du bien et du mal : toutes ces règles varient profondément d'une société à une autre, d'une époque à une autre. Et ces variations dans les sociétés humaines se font moins par la rupture que grâce à des évolutions progressives, de sorte que l'anthropologie est en éternel mouvement.

« Rien de ce que nous faisons ou pensons, systèmes de vie, d'attitude et de comportement, n'est issu directement de lois naturelles », estimait Françoise Héritier que Lévi-Strauss considérait comme sa successeure, dans un entretien avec *L'Humanité* en 2013. « Tout passe par un filtre mental, cérébral et idéel, produit d'une réflexion collective qui prend forme à un moment de notre histoire, évolue et peut encore évoluer. [...] Rien de ce qui nous paraît naturel n'est naturel. » Et de poursuivre : « Un public français, africain, chinois ou indien, peu frotté d'anthropologie, est toujours étonné d'entendre dire que la façon dont il nomme ses apparentés (père, mère, frère, sœur, oncle, tante, cousin, cousine) n'est pas naturelle, mais le résultat de manipulations. [...] Un système type de parenté (le nôtre relève du type eskimo) représente un montage particulier de combinaisons possibles. »

Dans quels ouvrages, sinon bibliques, peut-on lire que le modèle familial idéal est exclusivement composé d'un « papa » et d'une « maman » ? Lors de la publication du rapport des sages de l'Académie de médecine, de nombreux anthropologues se sont empressés d'aligner les exemples de sociétés alternatives à la nôtre, fondées par exemple sur des communautés de parents, ou des tribus, où seule est reconnue la filiation maternelle, sans père au sens strict. Même en Europe, le modèle familial n'a cessé d'évoluer à travers les siècles. Inquiets à l'idée de briser les « lois de la nature » avec l'ouverture de la PMA à toutes les femmes, les membres de l'Académie de médecine contestent-ils d'autres choix de société récents tels que le divorce, la contraception ou encore l'avortement ? Est-il si abject de passer d'une vision purement physiologique de la procréation – avec toutes les conséquences que cela implique, notamment des grossesses non désirées – à un modèle de procréation maîtrisé, fondé sur une volonté mûrement réfléchie et préparée d'élever des enfants ?

Installée par le roi Louis XVIII en 1820, l'Académie de médecine est composée de cent trente-cinq membres titulaires en activité, scientifiques et médecins de toutes spécialités, parmi lesquels on dénombre... sept femmes ! Si cette asymétrie flagrante ne suffit pas à jeter le discrédit sur l'avis émis par l'Académie au sujet de l'ouverture de la PMA à toutes les femmes, on comprend néanmoins son émotion quant à la perspective de désacraliser le rôle du père au sein des familles.

Chapitre IV
Planète de rechange

« Si nous ne changeons rien à la manière
de traiter notre biosphère,
eh bien, oui, nous devrons réfléchir
à une vie sur plusieurs planètes. »

Elon Musk, qui souhaite envoyer
un million de personnes
coloniser la planète Mars.

À l'occasion de la Conférence mondiale sur l'IA de Shanghai, en septembre 2019, Elon Musk, patron de Tesla mais aussi de la société de services de lancement spatial SpaceX, évoque une conquête à court terme de Mars. Estimant qu'il y a « une probabilité à un certain point qu'une force externe ou une erreur interne non forcée provoque la destruction ou l'altération suffisante de la civilisation pour qu'elle ne puisse plus s'étendre à une autre planète », l'entrepreneur fantasque juge urgent que l'humanité devienne « une espèce multiplanétaire ». Comprendre : qu'elle colonise sans tarder une nouvelle planète, en l'occurrence Mars.

Afin d'assouvir cette ambition, Elon Musk imagine envoyer les premiers colons sur la planète rouge dès 2022. Suivront des centaines de voyages, tous les deux ans, pendant au moins vingt ans, dans le but d'établir une véritable colonie à plusieurs centaines de millions de kilomètres de la Terre[1]. Le projet de sa première base sur Mars, à en croire une image publiée sur Twitter, a de quoi faire rêver : aéroport spatial parsemé de fusées, pistes menant à des dômes futuristes, serres foisonnantes, champs de panneaux solaires à perte de vue... Tout cela disponible « dès 2028 ».

Il y a quelques années, en 2013, Bas Lansdorp, un homme d'affaires néerlandais, imaginait également partir à la conquête de la planète rouge en y envoyant des kamikazes pour un aller simple, avec son projet Mars One. Deux cent mille candidats s'étaient alors portés volontaires – moyennant le paiement de droits d'inscription –, prêts à terminer leurs jours sur cet immense caillou oxydé.

Certaines questions fondamentales semblent néanmoins absentes de la réflexion de ces entrepreneurs présentés comme des « visionnaires ». L'humanité a-t-elle intérêt à concevoir la vie sur une autre planète ? Est-elle capable, techniquement et financièrement, d'entreprendre un tel voyage ? Peut-elle envisager d'établir une colonie sur Mars ? A-t-elle réellement vocation à devenir une espèce « multiplanétaire » ?

Les alternatives à la Terre

« La Terre est le berceau de l'humanité, mais on ne passe pas sa vie entière dans un berceau. » Cette célèbre phrase

1. En raison des mouvements de rotation de Mars et de la Terre autour du Soleil, la distance entre les deux planètes varie fortement au cours des mois. Si Mars et la Terre peuvent se rapprocher à environ 76 millions de kilomètres l'une de l'autre, leur distance moyenne est en réalité de 225 millions de kilomètres.

de Constantin Tsiolkovski, souvent brandie comme étendard par tous ceux qui rêvent de s'installer sur une autre planète, prend une dimension nouvelle en ces temps marqués par les préoccupations environnementales. Dans le contexte d'un avenir incertain de la Terre, malmenée par les effets du changement climatique, de la surpopulation et de la surconsommation de ses ressources – nécessairement limitées –, beaucoup rêvent d'un autre horizon. Quitte à franchir les frontières de l'atmosphère.

Or, les mondes habitables au voisinage de la Terre ne sont pas légion. Au sein du système solaire, seules les planètes telluriques, composées d'un sol dur, sont envisageables : Mercure, Venus et Mars. Au-delà, nous entrons dans l'univers gigantesque des planètes gazeuses, par définition inhabitables pour l'être humain. Planète la plus proche du Soleil, Mercure est une véritable fournaise à la surface de laquelle règne une température moyenne de 179 °C, et une atmosphère extrêmement ténue, ce qui implique qu'aucune respiration n'y est possible. L'atmosphère de Vénus, cent fois plus dense que celle de la Terre et principalement constituée de CO_2, est responsable quant à elle d'un effet de serre si extrême que la température à la surface avoisine les 500 °C !

Reste Mars. Communément surnommée la « planète rouge » en raison de son sol essentiellement composé d'oxyde de fer, elle fait l'objet de tous les fantasmes. Suffisamment proche pour être observée en détail grâce à une simple lunette astronomique, la dernière planète tellurique du système solaire a tout pour faire rêver les aspirants colons humains. Le jour martien est, à 40 minutes près, identique au jour terrestre, mais une année y dure près de deux fois plus longtemps que chez nous. Inclinée par rapport à l'axe du Soleil, la planète connaît elle aussi des saisons et une atmosphère ténue, plus de cent fois moins épaisse que celle de la Terre, composée en grande majorité de dioxyde de carbone (96 %), d'argon (1,93 %) et de diazote (1,89 %).

Si le climat sur Mars est bien plus froid que sur Terre, la température moyenne qui y règne de -63 °C semble beaucoup moins extrême que celles de ses voisines Mercure et Vénus. Enfin, les observations menées par différentes missions robotisées à sa surface confirment la présence d'eau sous forme de glace, de vapeur et de liquide en profondeur. Cette planète présente de telles similitudes avec la Terre que certains scientifiques lui prêtent une origine en tous points comparable. Recouverte d'océans d'eau liquide et d'une atmosphère épaisse il y a quatre milliards d'années, Mars se serait asséchée au fil du temps pendant qu'une grande partie de son atmosphère s'échappait dans l'espace. Résultat : autrefois luxuriante, Mars serait devenue une planète hostile, inhabitable.

Devant les immenses obstacles techniques et financiers à surmonter, l'humanité est-elle prête à s'installer sur une planète morte ?

Les difficultés d'un long voyage

L'un des principaux obstacles à un voyage vers Mars, puis à une vie à sa surface, réside dans l'exposition des volontaires aux radiations cosmiques. L'espace est en effet parcouru en permanence de rayonnements délétères, provenant du Soleil ou des confins de l'Univers, pouvant provoquer des cancers. Sur Terre, l'atmosphère nous en protège. Sur les orbites basses, à quelques centaines de kilomètres d'altitude, là où gravite la Station spatiale internationale (ISS), les astronautes peuvent compter sur les effets du champ magnétique naturel terrestre, qui agit comme une sorte de bouclier contre les radiations spatiales. Au-delà, c'est une autre affaire.

À une échelle plus modeste, dans son projet de retour sur la Lune, située à « seulement » 380 000 km de la Terre, d'ici à 2024, la NASA n'a toujours pas résolu ce problème. Les astronautes doivent être protégés contre les radiations, d'abord pendant leur voyage à bord du véhicule spatial Orion, puis durant leurs activités autour ou à la surface de la Lune. L'exploration lunaire de la fin des années 1960, intervenue en pleine guerre froide et motivée par les enjeux géostratégiques que l'on connaît, n'avait pas pris en compte ce risque parce que les astronautes ne passaient pas plus d'une dizaine de jours en apesanteur. Cette fois-ci, les agences spatiales souhaitent construire une station en orbite autour de la Lune dans laquelle les astronautes passeront de longs mois comme ils le font dans l'actuelle ISS.

Un voyage vers Mars implique plus de deux années de séjour dans l'espace : six mois pour le trajet aller, six mois pour le trajet retour, et au moins un an et demi sur place. Or, les boucliers antiradiations pèsent lourd, très lourd… limitant d'autant plus la performance utile de la fusée et le matériel embarqué, notamment les infrastructures d'assistance à la vie. Indispensables lors d'un voyage aussi long, ces systèmes apportant aux astronautes de l'oxygène pour respirer ou de l'eau à boire en sont encore à leurs balbutiements.

Recréer une atmosphère viable à l'intérieur d'une boîte de conserve, aussi sophistiquée soit-elle, n'est pas une mince affaire. Les systèmes de survie doivent fournir le bon mélange de gaz pour la respiration des astronautes tout en éliminant le dioxyde de carbone qu'ils rejettent naturellement. La température et la pression atmosphérique doivent également y être maintenues dans les bons dosages. Dans le cadre du retour de l'humanité sur la Lune, l'Europe fournira au module habité Orion la propulsion, l'alimentation électrique, le contrôle thermique, ainsi que l'apport d'air et d'eau, de sorte que les astronautes américains respireront et boiront « européen ». Un exploit technologique qui servira un espace habitable de neuf mètres carrés seulement, où s'entasseront quatre astronautes... On est loin de la survie d'un équipage composé d'une centaine d'aventuriers.

Les coûts exorbitants d'une mission habitée vers Mars

En 2020, dix ans après l'abandon par Barack Obama du programme Constellation, destiné à préparer un premier voyage humain vers Mars, il n'existe aucun projet cohérent de mission habitée vers la planète rouge, au sein des agences spatiales dans le monde.

Pas un seul, en tout cas, qui ait reçu un début de financement. Il faut dire qu'un voyage vers Mars suppose des investissements massifs qui peuvent poser question, à plus forte raison dans ces temps troublés par les inégalités et la crise sanitaire liée à la COVID-19. Ainsi, une « simple » mission robotisée vers Mars, telle Mars Sample Return, destinée à ramener sur Terre des échantillons de la planète, coûtera au moins 7 milliards de dollars. Plus modeste, la mission du robot Curiosity, qui a atterri sur Mars en 2012, aura coûté près de 3 milliards de dollars au contribuable américain.

Or, selon la NASA, le coût d'un billet martien est compris entre 200 et 300 milliards de dollars, certains experts l'estimant à 1 500 milliards. Soit cent à mille fois plus cher qu'une mission robotisée, pour un gain scientifique quasi équivalent. Dans ce contexte, la simple exploration de la planète Mars imposera un vrai débat de société. Quant à sa colonisation…

Les conséquences de l'apesanteur

Un autre problème réduira considérablement l'opérabilité des astronautes pour mener à bien leur mission : l'absence de pesanteur. Les futurs colons devront en effet passer le reste de leur vie en microgravité, d'abord durant le long voyage – au cours desquels ils feront leurs besoins dans des pompes à vide, lorsqu'ils ne seront pas équipés de couche-culotte comme c'est le cas de nos héros spatiaux actuels lors de leurs sorties extravéhiculaires – mais aussi sur Mars, où la gravité est trois fois moindre que sur Terre.

On connaît bien les effets de l'absence de gravité sur les fluides circulant dans notre corps, ils ont tendance à remonter vers la tête. Résultats : visage bouffi et jambes de poulet, nez encombré, perte des sensations de soif et d'appétit, nausées, désorientation… Les astronautes ayant effectué de longs séjours à bord de l'ISS, à l'instar de Thomas Pesquet, peuvent souffrir d'atrophie osseuse et musculaire, ou de problèmes cardiaques, le cœur n'ayant pas à travailler autant que sur Terre pour contrer la gravité et faire circuler le sang dans tout le corps, des pieds jusqu'à la tête. Pour garder la forme en apesanteur, les astronautes suivent un programme sportif intensif avant, pendant et après leur épopée spatiale. Dans la station, chaque astronaute effectue 2 heures d'exercice physique à l'aide de trois machines spécialement aménagées pour reproduire la force de gravité : un tapis roulant, un vélo ergomètre et une machine d'entraînement résistif pour soulever des poids ou faire des flexions.

Si, une fois revenus sur Terre, les astronautes recouvrent généralement leurs pleines capacités physiques en 48 heures, ils laisseront malgré tout une petite partie de leur cerveau derrière eux. En effet, grâce à l'étude d'un peu plus de cinq cents astronautes ayant séjourné dans le vide spatial en cinquante ans, les scientifiques comprennent peu à peu l'impact de l'apesanteur sur les neurones. Au cours d'une vaste étude, dont les résultats sont parus en novembre 2017 dans le *New England Journal of Medicine*, trente-quatre astronautes – vingt-huit hommes et six femmes – ont été examinés par imagerie par résonnance magnétique (IRM) avant et après avoir séjourné dans l'espace. Les chercheurs ont constaté un déplacement du cerveau vers le haut de la boîte crânienne, comme s'il se mettait lui-même à flotter en apesanteur. Une migration qui s'accompagne d'une augmentation, plus spectaculaire encore, du liquide cérébrospinal (ou céphalo-rachidien) dans lequel baigne le cortex et qui le protège contre les chocs.

Chez les sujets ayant passé plusieurs mois dans l'espace, le fluide est chassé du haut du crâne par le déplacement de l'encéphale, mais il semble s'insinuer en plus grande quantité à l'intérieur des cavités du cerveau, les ventricules. Ce supplément de liquide a pour effet de comprimer la cervelle et de rétrécir l'espace entre les lobes frontaux et pariétaux notamment, une région pourtant critique qui sépare l'aire responsable de la plupart de nos fonctions motrices de celle régulant l'arrivée des stimuli sensoriels. Fâcheux, pour des champions censés être à 100 % de leurs capacités dans cet environnement extrême où la moindre erreur humaine peut avoir des conséquences dramatiques… Les images IRM peuvent expliquer certains maux dont se plaignent les astronautes. À commencer par le syndrome dit de « déficience visuelle et pression intracrânienne », qui touche 60 % d'entre eux et contraint certains à porter des lunettes pour la première fois de leur vie. Une sorte de vieillissement prématuré et accéléré, que pourrait expliquer la pression exercée par le liquide cortical sur le nerf optique.

Les conséquences des radiations

Arrivés sur place, les apprentis colons n'auront pas grand-chose pour les protéger des radiations cosmiques ou des éruptions solaires. En raison de l'absence d'un noyau métallique en rotation susceptible de provoquer un effet dynamo, le champ magnétique de Mars est quasi inexistant, tandis que son atmosphère reste extrêmement ténue. Ainsi exposé aux foudres du cosmos, le robot martien Curiosity a permis d'estimer à 1 Sievert la dose de radiations reçues pour une mission de cinq cents jours sur Mars, une exposition qui aurait pour conséquence une augmentation de 5 % du risque de cancer pour un astronaute. Le taux autorisé par la NASA pour des activités sur orbites terrestres plafonne, lui, à 3 %...

En 2013, une équipe de scientifiques a reproduit, dans un accélérateur de particules, ces radiations cosmiques capables de pénétrer et d'endommager les cellules du corps humain. Ces particules massives et de haute énergie ont ensuite été dirigées sur des souris, qui ont aussitôt souffert de pertes de mémoire, une forme de dégénérescence neurologique que l'on retrouve généralement chez des animaux plus âgés. Leur cerveau montrait aussi des signes propres à la maladie d'Alzheimer : une accumulation de la protéine bêta amyloïde, formant des plaques étouffant les neurones.

La sonde Mars Global Surveyor, mise en orbite autour de Mars en 1997, a permis de cartographier les zones – relativement limitées – où une mini-magnétosphère fait écran aux radiations. Ces anomalies localisées à la surface de Mars seraient l'écho d'un champ magnétique existant à l'époque où la planète ressemblait à notre Terre, et qui a aujourd'hui disparu. C'est là que les futurs colons devront s'établir en priorité... à moins qu'ils ne s'enterrent littéralement. À partir de 50 cm sous la surface du sol, la dose radiative est en effet réduite de moitié, si bien que vivre dans une grotte paraît la solution la plus envisageable : transporter une armée de pelleteuses depuis la Terre semble plus économe qu'acheminer des tonnes et des tonnes d'équipements protecteurs. Encore faut-il savoir se protéger des radiations, le temps d'entreprendre ces travaux gigantesques, dans un environnement des plus hostile. Une solution pourrait provenir de la découverte d'immenses cavités martiennes, creusées par des coulées de lave lorsque la planète possédait encore une activité volcanique. Des abris naturels plus que bienvenus pour accueillir une future colonie.

D'autres imaginent, à l'instar de chercheurs de l'université Harvard, de la NASA et de l'université d'Édimbourg, recréer des îlots d'habitabilité en reproduisant l'effet de serre grâce à des aérogels de silice. Un dôme recouvert d'une couche de cet aérogel, de seulement 2 à 3 cm d'épaisseur, permettrait de créer des espaces protégés du rayonnement ultraviolet tout en laissant filtrer suffisamment de lumière pour activer la photosynthèse et élever les températures au-dessus du point de fusion de l'eau.

Trouver de l'eau

Si, d'aventure, l'équipage parvient à se protéger des radiations cosmiques mortelles, il lui faudra trouver à boire et de quoi manger – en installant de gigantesques serres, par exemple. Une activité qui nécessite d'importantes quantités d'eau. Si nous savons désormais que Mars renferme de l'eau, personne ne sait dire exactement où ni en quelles quantités. Du fait des températures négatives sur la planète rouge, la molécule H_2O existe plutôt sous forme de glace : dans les régions polaires, recouvertes par des calottes blanches de l'ordre de 1 m d'épaisseur, mais aussi dans le sous-sol martien, appelé le pergélisol. En 2008, la sonde Phoenix avait pour objectif de creuser à 1 m de profondeur avec une pelle. Elle s'est arrêtée au bout de 10 cm, tant le sol et la glace se sont révélés durs comme de la roche.

En juillet 2018, la NASA annonce avec fracas la découverte par le radar Marsis de la sonde Mars Express, en service de 2012 à 2015, de la présence probable d'un lac souterrain d'eau liquide enfoui sous une couche de 1,5 km de glaces et de poussières dans la région de Planum Australe, près du pôle sud de la planète. On le voit, les colons n'accéderont pas à de l'eau potable en tournant un robinet. Ils seront obligés de l'extraire, comme du pétrole. Ou bien de la faire fondre, avant de la purifier.

Produire de l'énergie

L'équipage devra aussi trouver de l'oxygène pour respirer, une denrée rare sur Mars. Essentiellement saturée en CO_2, son atmosphère est toxique et ne contient que 0,13 % de dioxygène (O_2) contre 21 % sur Terre. Le prochain robot de la NASA, Perseverance, dont le lancement a eu lieu à l'été 2020, a embarqué l'instrument MOXIE permettant de casser les molécules de dioxyde de carbone de l'air martien pour en extraire de l'oxygène. Pour que ce procédé électrochimique fonctionne, l'engin doit être porté à une température de 800 °C, de sorte que MOXIE fonctionnera deux longues heures et consommera 300 watts pour produire 20 petits grammes d'oxygène...

Récolter l'eau – fondre la glace et la filtrer –, cultiver des pommes de terre, transformer l'atmosphère martienne en air respirable et créer un paradis terrestre nécessite donc de transporter une artillerie particulièrement lourde ainsi que de produire sur place des quantités d'énergie phénoménales. Or, les sources d'énergie ne sont pas si variées sur la planète rouge.

L'énergie solaire ? Il faudrait étaler les panneaux photovoltaïques sur une surface équivalant à dix terrains de football, et la poussière martienne ferait vite chuter leur rendement. L'éolien ? La pression de l'atmosphère martienne est trop faible pour que les pales tournent. L'énergie nucléaire ? Sans doute la solution la plus viable. Mais nous sommes très loin de savoir installer des centrales électriques dans l'espace, à plus forte raison à des centaines de millions de kilomètres de la Terre. Par ailleurs, sur Terre, les centrales nucléaires, qui doivent être en permanence refroidies, sont installées à proximité d'une source froide, souvent le long d'un cours d'eau. Le serpent se mord la queue...

Une logistique considérable

Élément le plus concret de ces projets de colonisation de Mars, l'humanité sera contrainte d'envoyer sur place des modules d'habitation, des véhicules de transport au sol, des installations pour produire l'énergie, des outils pour extraire l'eau du sous-sol, des équipements agricoles... Et, dans l'hypothèse où tout ce matériel serait intact à l'issue du voyage, les conditions à réunir pour la survie de ceux qui seraient chargés de s'en servir donnent le vertige.

En effet, un équipage fraîchement débarqué sur Mars ne pourra pas espérer parcourir 10 km à pied, en scaphandre, pour récupérer le matériel arrivé auparavant. Or, la précision d'atterrissage sur la surface martienne est très relative. Pour preuve, l'équipe chargée du robot américain Curiosity, qui garantissait son point de chute à 20 km près, a réussi à le faire toucher le sol à 2,5 km du point visé... un exploit ! D'autant que l'atterrissage sur Mars est une entreprise autrement plus périlleuse que sur Terre, voire sur la Lune. En l'absence d'atmosphère et avec une gravité significativement plus forte que celle de notre satellite naturel, beaucoup de sondes se sont écrasées.

L'exploration spatiale : une question d'éthique

Le véritable esprit de l'exploration spatiale a jusqu'ici reposé sur l'utilisation du génie humain pour repousser ses propres limites. Ainsi le respect de la vie humaine demeure-t-il le socle de l'éthique scientifique. Dans le discours de 1962 qui annonçait le programme Apollo, le président Kennedy affiche son ambition

« d'envoyer des hommes sur la Lune ». Avant de préciser qu'il s'engage « à les ramener vivants sur Terre ».

La nuance n'est pas triviale. Dans chaque programme spatial, la vie prime toujours sur le reste. « Les accidents intervenus lors des vols habités ont été des échecs terribles, une souffrance pour tout le monde », confiait, il y a quelques années, l'astronaute français Jean-Pierre Haigneré. Il soulignait alors le mépris pour la vie que manifestait tout projet de voyage vers Mars sans espoir de retour, à l'instar de Mars One. « Compte tenu des chances de réussite [de ce projet] et de son intérêt scientifique quasi nul, le simple fait d'imaginer une mission où la vie sera nécessairement perdante est abject. »

Dans le cadre de périples vers la planète rouge embarquant des astronautes en herbe, où les équipages ne pourront compter que sur leurs propres ressources en cas d'urgence, nos sociétés seront-elles prêtes à autoriser les individus à prendre autant de risques pour eux-mêmes, comme on réglemente les sports extrêmes ? Car une chose est certaine : si certains acteurs privés s'emploient à développer des vaisseaux spatiaux capables d'atteindre la planète rouge, ils évacuent un peu vite la question essentielle de la survie de leur équipage…

S'il ne fait aucun doute que l'humanité marchera un jour sur Mars – ne serait-ce que pour assouvir son penchant naturel à l'exploration – elle le fera dans le cadre de séjours à durée limitée. Personne ne peut sérieusement imaginer que vivre enfermé sous terre, ou dans des scaphandres, puisse être une alternative crédible à la vie sur Terre, si menacée soit-elle. À plus forte raison dans des espaces confinés où l'eau, la nourriture et l'électricité, toutes les ressources devront être consommées avec une extrême parcimonie.

C'est pourquoi certains – y compris Elon Musk – imaginent tout simplement de rendre la planète Mars… habitable ! Vieux concept auquel ont massivement recours les récits de science-fiction, l'idée de recréer une atmosphère respirable, un effet de serre et un climat sur la planète Mars – plutôt connue sous l'appellation de « terraformation » – n'a jamais fait tomber les barrières de l'imaginaire.

La terraformation

C'est pourtant ce qu'envisage – sans rire – le patron de SpaceX à court terme… en lançant « des bombes nucléaires au niveau des calottes glaciaires polaires de Mars » ! En faisant fondre ces étendues de glace continentale, l'entrepreneur pense pouvoir libérer de grandes quantités de dioxyde de carbone dans l'atmosphère martienne, ce qui créerait un effet de serre, lequel entraînerait une augmentation de la température et de la pression atmosphérique.

Dans la pratique, il semble tout d'abord difficilement envisageable qu'une fusée soit autorisée à embarquer des bombes nucléaires. Les processus régissant les lancements d'engins spatiaux sont extrêmement complexes et rigoureux, guidés par la volonté absolue d'exclure tout risque pour les populations. Qu'adviendrait-il si une fusée remplie de têtes nucléaires rencontrait un problème au décollage, voire explosait en vol ?

Par ailleurs, comme l'explique une étude américaine, publiée dans la prestigieuse revue scientifique *Nature Astronomy* en juillet 2018, « il n'est pas possible de terraformer Mars avec la technologie actuelle ». À partir des données recueillies par les sondes Mars Asmosphere and Volatile Evolution, Mars Express, Mars Reconnaissance

Orbiter et Mars Odyssey, les chercheurs ont conclu que les quantités de CO_2 martien piégées dans les glaces polaires ou dans les minéraux, par ailleurs inaccessibles en l'état, ne seraient pas suffisantes pour générer un réchauffement significatif par effet de serre, si ce gaz était réinjecté dans l'atmosphère.

Et si Mars se réchauffait effectivement par ce processus, celui-ci prendrait plusieurs centaines d'années et devrait être répété dans le temps. Sur Terre, la tectonique des plaques et le volcanisme actif réintroduisent en permanence le gaz carbonique dans l'atmosphère, assurant ainsi l'équilibre et la stabilité que nous avons connus jusqu'à présent. Sur Mars, sans tectonique des plaques, le recyclage du gaz carbonique ne pourrait se produire : l'atmosphère créée autour de la planète finirait inévitablement par se dissiper au-delà. Enfin, recréer une atmosphère dense sur Mars ne résoudrait pas le problème de l'absence de champ magnétique, absolument nécessaire pour se protéger des radiations cosmiques, ni celui de l'oxygène, indispensable à la respiration des êtres vivants.

La psychologie s'invite à bord

Un autre obstacle, invisible celui-ci, risque de fortement compliquer les voyages habités vers la planète Mars : la psychologie humaine. Nous l'avons tous constaté à la faveur des restrictions qu'ont connues nos libertés en 2020 et 2021 : l'être humain est une espèce sociable qui goûte peu l'isolement. Or, les futurs explorateurs martiens devront passer des années entières enfermés dans leur vaisseau spatial. De nombreuses expériences ayant pour but de reproduire, sur Terre, les conditions de vie d'un voyage vers Mars ont été organisées ces dernières années. L'objectif : évaluer l'impact du confinement et de l'isolement sur le moral, les interactions et les performances d'un équipage.

Le 3 juin 2010, au nord-est de Moscou, six apprentis astronautes ont embarqué pour un séjour de cinq cent vingt jours à bord d'un complexe simulant un immense vaisseau spatial. En 2015, six autres cobayes ont vécu pendant un an dans un dôme de 11 m de diamètre situé à proximité du volcan Mauna Loa, perchés à 2 500 m d'altitude à Hawaï. Des journées consacrées au travail, sans lumière naturelle, avec des quantités d'eau et de nourriture limitées. Et, surtout, sans la moindre intimité.

Au bout de quelques mois d'expérience, les frustrations se font généralement déjà sentir, liées à l'absence de la famille, des amis, ou de toute activité impliquant des sensations terrestres. Puis vient la phase où l'omniprésence de l'autre se fait particulièrement oppressante. Certains tombent dans de lourdes phases de dépression quand d'autres adoptent des comportements agressifs.

Chaque année, une dizaine d'individus passent neuf mois isolés du reste du monde sur la base scientifique Concordia, en Antarctique, où pendant trois mois la nuit ne laisse jamais la place au jour et le thermomètre ne dépasse pas les -60 °C. Les anecdotes ne manquent pas sur les difficultés de la cohabitation, qui peuvent conduire à des situations d'extrême violence entre les personnes. En 1976, à bord de la station spatiale militaire russe Saliout 5, on soupçonne les deux membres d'équipage d'en être venus au couteau lors d'un affrontement dans l'espace, obligeant une interruption prématurée de la mission.

La « phase » suivante est sans doute la plus problématique. C'est celle de l'épuisement et du découragement, qui se traduit par un déficit de performance et d'efficacité de l'équipage et peut intervenir à un moment clé de la mission spatiale, celui de l'atterrissage sur Mars.

Entre dépression et règlement de compte, l'épopée spatiale pourrait se transformer en drame.

Pour une entreprise ou une institution, il est aujourd'hui de bon ton d'être « visionnaire », de « repousser les limites » de l'imaginable, de mettre en place les conditions de la « disruption », avec cette philosophie sous-jacente selon laquelle « rien n'est impossible », mais tout est une « question de volonté ». D'ailleurs, combien d'acteurs du secteur spatial ont d'abord ricané devant les ambitions, jugées folles, de SpaceX de mettre sur le marché un lanceur réutilisable ?

Difficile, dans ce contexte, d'oser rappeler qu'il existe des limites au domaine du possible, au risque de passer pour un empêcheur de rêver en rond. Mais suffit-il de marteler avec force et conviction un message marqué du sceau de l'innovation pour le rendre accessible ? S'il ne fait aucun doute que l'esprit d'explorateur de l'être humain le mènera un jour sur Mars, comme il l'a mené sur la Lune à la fin des années 1960, il convient de se poser d'ores et déjà la question du sens de ces aventures collectives. Pourquoi se rendre sur une planète morte, inhabitable pour l'être humain ? Afin de l'explorer, ou de la « coloniser » ?

L'urgence du changement climatique montre à quel point l'humanité peine à maîtriser son environnement, sur une planète où toutes les conditions sont pourtant réunies pour lui offrir un lit douillet, un cocon sur mesure unique en son genre au sein du système solaire. Dans ces conditions, comment peut-on envisager la planète Mars comme un plan B pour l'humanité, au cas où la Terre ne serait plus habitable en raison de l'épuisement des ressources naturelles ? Cette perspective s'apparente à un tour de passe-passe intellectuel permettant d'éviter de regarder en face une vérité crue : il n'existe pas de planète B. La Terre est notre seul berceau. L'humanité aura le temps de disparaître cent fois avant de parvenir au niveau technologique suffisant pour envisager une présence multiplanétaire. Au lieu de lui faire miroiter un avenir imaginaire ailleurs, il serait plus bénéfique pour l'humanité – et pour sa planète bleue – de délivrer le message opposé : notre avenir se fera indéniablement sur Terre. Voilà pourquoi il est urgent de la préserver.

Voyage interstellaire, le rêve impossible

Puisque la planète Mars ne remplit pas toutes ses promesses d'habitabilité, pourquoi ne pas envisager partir à la conquête d'une planète en dehors de notre système solaire ? Depuis les années 1990, les astronomes ne cessent de pointer leurs télescopes à la recherche de jumelles de la Terre tournant autour d'étoiles similaires à notre Soleil.

Les chances de trouver un double de la Terre sont nombreuses. Notre galaxie, la Voie lactée, renferme à elle seule plus de deux cents milliards d'étoiles autour desquelles tournent au moins autant, et probablement davantage, de planètes. L'Univers renferme lui-même environ deux mille milliards de galaxies...

Mais ces probabilités heureuses, qui font tourner la tête, suffisent-elles à imaginer la vie sur une autre planète ? Pour cela, il faudrait pouvoir s'y rendre. Or, l'étoile la plus proche de notre Soleil, Proxima du Centaure – autour de laquelle les astronomes ont justement débusqué en 2016 une planète rocheuse dans sa « zone habitable » –, est située à près de 40 000 milliards de kilomètres. Propulsée à 300 000 km/s, la lumière met 4,22 années pour l'atteindre. Par conséquent, en considérant la vitesse de la sonde Voyager 1 (qui a quitté le système solaire le 1er avril 2020), soit environ 17 km/s, il nous faudrait quelque... soixante-quinze mille années pour rejoindre Proxima du Centaure !

C'est pourquoi les voyages interstellaires sont aujourd'hui avant tout portés par les auteurs de science-fiction, qui imaginent toutes sortes de stratagèmes à base de technologies de propulsion à des vitesses proches de celle de la lumière, d'arches spatiales ou encore de distorsion des lois de la physique. « Penser que, lorsque les choses tourneront vraiment trop mal, nous pourrons nous réfugier ailleurs est tout simplement irresponsable », a déclaré l'astronome suisse Didier Queloz, spécialisé dans la recherche d'exoplanètes, au moment de recevoir son prix Nobel de physique en 2019. « Les étoiles sont tellement loin de nous que je pense que nous n'avons aucune chance sérieuse de nous échapper de notre planète. Nous ferions bien mieux de consacrer notre temps et notre énergie à en prendre soin. »

Chapitre V
Avorter est-il un crime ?

« Se débarrasser d'un être humain,
c'est comme avoir recours à un tueur à gages
pour résoudre un problème. »

LE PAPE FRANÇOIS, le 10 octobre 2018.

Fin 2017, le Conseil de l'Europe dévoile un rapport dénonçant des « restrictions rétrogrades » entraînant un recul du droit des femmes en matière d'accès à l'avortement et représentant des « menaces » pour leur santé. Invoquant leur clause de conscience, sept médecins italiens sur dix refusent ainsi de pratiquer une interruption volontaire de grossesse (IVG). Outre la Macédoine, la Russie ou la Slovaquie, qui ont renforcé les critères d'accès à l'avortement ces dernières années, le gouvernement polonais s'est récemment engagé dans une guerre totale contre l'IVG, déclenchant une mobilisation inédite des défenseurs de ce droit. Dans d'autres pays du vieux continent, où l'empreinte de la religion catholique est encore forte tels l'Irlande, Andorre, le Liechtenstein ou Monaco, l'IVG n'est souvent autorisée que si la vie de la mère est en danger ou en cas de viol. En Irlande du Nord, une femme passant outre l'interdiction risque la prison à perpétuité.

Aux États-Unis, pays de tous les excès, la nomination de juges conservateurs par Donald Trump a remobilisé les antiavortement, qui rêvent de revenir sur la décision de la Cour suprême de 1973 autorisant l'IVG. En avril 2019, des centaines de militants « pro-vie » sont venus réclamer la fin du prétendu « génocide » devant le Congrès du Texas, où était débattue une loi faisant de l'IVG un acte criminel et permettant de juger pour homicide toute femme y recourant (l'homicide est un crime passible de la peine de mort dans l'État du Texas). Les cas de viol ou d'inceste ne feraient pas exception, comme l'État d'Alabama l'avait proposé dans une loi adoptée en mai 2019, avant d'être bloquée par la Cour suprême (car c'est bien là l'enjeu de ces gesticulations législatives grotesques : susciter des contentieux qui d'appel en appel remonteraient à la Cour suprême afin de permettre à ses membres de revenir sur la décision prise en 1973 par cette même cour).

Ce militantisme rejoint les propos tenus par la plus haute autorité catholique. Dans une homélie prononcée sur la place Saint-Pierre, le pape François n'a pas hésité à parler de « tueur à gages » en évoquant l'avortement. Du bon sens, pensait-il sans doute à cet instant. Du bon sens, oui, si l'on évacue la question du droit des femmes et qui donne surtout à entendre que l'on considère le fœtus comme un individu.

Or, si la Déclaration universelle des droits de l'homme établit un droit à la vie dans son article 3 (« Tout individu a droit à la vie, à la liberté et à la sûreté de sa personne »), le droit moderne estime habituellement que le fœtus n'acquiert sa personnalité juridique qu'à la naissance. Avant l'accouchement, il est considéré comme un « objet juridique » bénéficiant de droits très spécifiques. Au-delà de ces notions légales et morales, la science est-elle capable d'offrir une définition précise de l'être humain et, plus généralement, de la vie ? Les scientifiques savent-ils pénétrer l'enveloppe charnelle du ventre de la mère pour sonder la capacité de conscience d'un fœtus ? Peut-on, scientifiquement parlant, envisager l'avortement comme un acte criminel ?

Qu'est-ce qu'un être vivant ?

Caractériser le statut d'un fœtus à un jour, une semaine, un mois ou au terme de la grossesse équivaut à ouvrir une succession de poupées russes. Ainsi l'« être humain » est défini dans le dictionnaire comme « un être vivant membre de l'espèce humaine » qui « se différencie des autres espèces par son mode de déplacement bipède, son langage articulé, ses mains préhensiles et son intelligence développée ». Mais qu'est-ce qu'un « être vivant » ? Suppose-t-il une indépendance suffisante, un développement et un fonctionnement autonomes qui lui permettent de vivre par ses propres moyens ? Ou bien peut-on le ranger dans une définition plus large du monde vivant, dont font partie les cellules dans leur plus simple unité ? D'ailleurs, qu'est-ce que la vie ? Une cellule, ou un amas de cellules capables de se reproduire ? Un cœur ? Un poumon ? Un ensemble d'organes constituant une entité complexe, à l'image de toutes celles du règne animal ?

La science a longtemps tenté de délimiter les contours de la vie. Biologistes, généticiens, physiciens, biochimistes, et même astronomes, personne n'a réussi à déterminer une ligne de démarcation indiscutable distinguant le vivant du non-vivant. En fonction de son propre domaine de recherche, chacun examine la vie au travers d'un microscope plus ou moins grossissant.

Réglés au niveau maximal de l'instrument d'observation, les biochimistes n'ont jamais véritablement essayé de donner une définition du vivant terrestre. La question s'est posée dans la recherche de la vie sur d'autres planètes tournant autour d'autres étoiles. À force de repousser les frontières extraterrestres et d'imaginer toutes les conditions possibles et alternatives de l'apparition de la vie, les chercheurs arrivent à la conclusion que les êtres vivants sont impérativement constitués d'eau et de carbone.

Pour les généticiens, la vie ne peut être caractérisée sans ADN, cette molécule en double hélice présente dans toutes les cellules. L'ADN recèle l'information génétique permettant le développement, le fonctionnement et la multiplication de chaque cellule d'un être vivant, de la toute première, l'œuf, jusqu'à toutes celles qui le composent à sa taille adulte, jusqu'à sa mort. Pour les biologistes, qui réduisent un peu le pouvoir grossissant du microscope, l'élément de base des êtres vivants est cette cellule, délimitée par une membrane et contenant un noyau ainsi que différentes structures spécialisées, les « organites ».

Pour les physiologistes, qui observent d'encore un peu plus loin, l'organisme vivant nécessite des fonctions essentielles, autonomes, indispensables à sa survie : la digestion, la respiration, la reproduction. Selon eux, les êtres vivants ont un métabolisme (ou sont capables de profiter de celui d'un hôte) leur permettant de s'« autoconserver », de se maintenir en vie par l'assimilation d'éléments extérieurs. En transformant des aliments, de l'oxygène, de la lumière, etc., selon des processus chimiques bien définis, l'organisme vit, grandit, se développe, avant de rejeter dans la nature les déchets qu'il a générés.

Le cas du fœtus

Survivre en toute autonomie à l'air libre : voilà la condition sur laquelle se déchirent souvent les uns et les autres au sujet de l'avortement. Pour les défenseurs du droit des femmes à accéder à l'avortement, le fœtus reste une œuvre inachevée sans identité propre ni sensibilité, incapable de s'autoréguler sans le métabolisme de la mère. Aux yeux de ceux pour lesquels le recours à l'avortement est condamnable, le déclenchement du processus biologique destiné à former à terme un être humain viable suffit à considérer l'embryon, puis le fœtus, qui a développé la plupart de ses organes dès 10 semaines de gestation[1], comme un individu jouissant de droits.

Les mouvements se qualifiant de « pro-vie » n'hésitent pas à rappeler qu'un nouveau-né ne pourrait pas plus survivre sans l'assistance parentale qu'un fœtus hors de l'environnement utérin. Peu d'adultes sauraient de surcroît subvenir à leurs propres besoins en parfaite autarcie. En revanche, à la différence de celle d'un bébé, la viabilité du fœtus ne peut être garantie par ses propres fonctions en deçà d'une certaine période de gestation, quels que soient les éléments nutritionnels qu'un corps médical s'appliquerait à lui fournir. Les fonctions primordiales du fœtus sont accomplies par l'organisme maternel : la production d'énergie, sous forme de glucose, la protection immunitaire, la respiration ainsi que l'élimination des déchets du métabolisme fœtal (urée, acide urique, créatine).

1. Le calcul en semaines de gestation débute dès l'absence de règles (aménorrhée), soit deux semaines avant l'ovulation (on parle alors en semaines de grossesse).

Si le fœtus peut assurer certaines de ses fonctions, notamment métaboliques, sa vie reste entièrement dépendante de sa mère. Dans ce contexte, l'OMS fixe la limite de viabilité « théorique » du fœtus à un âge supérieur à 22 semaines de gestation ou à un poids de 50 g. Cependant, les chances de survie d'un prématuré restent quasi nulles (0,7 %) jusqu'à 24 semaines. Par ailleurs, 52 % des enfants nés vivants après 26 semaines sortent des soins intensifs avec des pathologies majeures. Un bébé sur cinq né à 31 semaines souffrira de graves complications, principalement parce que ses systèmes respiratoire, nerveux et digestif ne sont pas complètement développés.

Ce continuum à l'œuvre dans l'élaboration d'un nouvel être humain, depuis la fécondation jusqu'à sa naissance, cette période de « fabrication » d'un individu en devenir, rendent extrêmement difficile l'identification d'une limite, d'un moment pivot à partir duquel le fœtus se transformerait tout à coup en une personne à part entière. Pour pallier cet écueil, les opposants au recours par les femmes à l'interruption volontaire de grossesse s'efforcent d'utiliser plusieurs indicateurs censés prouver l'individuation du fœtus, tentant d'habiller ainsi leur raisonnement d'une caution scientifique. En première ligne de ces indicateurs : la capacité de ressentir la souffrance et la conscience potentielle du fœtus.

Souffrance et conscience

En juin 2019, une vidéo publiée sur Facebook et visionnée des centaines de milliers de fois montrait un avortement sous échographie : on y observait un fœtus se tortillant – de douleur ? – au moment de l'aspiration. On y voyait également une femme au rôle non défini fondre en larmes devant ces images, le tout sur fond de musique hollywoodienne particulièrement dramatique. « Regardez bien la souffrance du fœtus dans un avortement. Pas de mots... Je suis contre l'avortement ! » déclame un court texte accompagnant le clip. Sauf que cette minute trente de souffrance fœtale est en réalité tirée du film de fiction anti-IVG *Unplanned*, une adaptation à l'écran de l'autobiographie d'Abby Johnson. Ancienne responsable de l'équivalent du Planning familial aux États-Unis, cette activiste de 40 ans affirme s'être convertie au mouvement dit « pro-vie » après avoir assisté à l'avortement d'un fœtus de 13 semaines.

Au-delà de cet exemple flagrant de manipulation des consciences par l'image, la question de la souffrance fœtale n'en demeure pas moins sensible et fait l'objet de nombreuses recherches scientifiques. Le Collège royal des obstétriciens et des gynécologues de Londres, composé de seize mille membres répartis dans plus de cent pays, est une association de professionnels dont l'objectif est d'encourager « l'étude et l'avancement de la science et la pratique de l'obstétrique et de la gynécologie ». Ces spécialistes ont jugé nécessaire de réécrire entièrement leur rapport de 1997 sur la sensibilisation fœtale, à la lumière des données scientifiques accumulées en treize ans.

En 2010, ils publient les résultats d'une étude qui fait référence. La plupart des neuroscientifiques estimant que le cortex est le siège de la perception de la douleur, le panel d'experts conclut que le fœtus ne peut ressentir la douleur avant 24 semaines de gestation : en effet, les données les plus récentes indiquent que les connexions entre la périphérie et le cortex cérébral ne sont pas complètement établies. Après la 24e semaine, le développement et l'élaboration de réseaux intracorticaux se poursuivent, de sorte que les stimuli (positifs ou négatifs) chez les nouveau-nés prématurés produisent bel et bien des réponses cérébrales.

Le corps est couvert de récepteurs aux stimuli négatifs, les « nocicepteurs ». Cutanés, musculaires ou articulaires, ils sont chargés de signaler au cerveau toute atteinte à l'intégrité de l'organisme. C'est ce signal d'alarme parfaitement naturel qui est activé quand on écrase son petit orteil contre une table basse, et qui permet à l'être humain de se rendre compte du mal qu'il subit ou s'inflige. Mais encore faut-il être en état de conscience pour le savoir. Chez un individu dans le coma, les mêmes mécanismes de la douleur sont à l'œuvre, mais il n'est pas conscient pour « ressentir » cette dernière. Or, il apparaît de plus en plus évident que la condition du fœtus à l'intérieur du ventre de la mère est différente de celle qui est la sienne lorsqu'il voit la lumière du jour en cas de naissance prématurée. Selon les experts du Collège royal de Londres, dans l'utérus le fœtus n'éprouve probablement jamais un véritable état d'éveil. Du fait de son environnement chimique, il serait plutôt plongé dans un état d'inconscience, ou une sédation continue, semblable au sommeil et capable d'annihiler toute activation corticale en présence de stimuli externes intrusifs.

Une telle constatation met en évidence l'énorme différence entre la vie fœtale et la vie néonatale et, par conséquent, la difficulté d'extrapoler des observations faites chez le nouveau-né prématuré au fœtus. Dans ce contexte, il semble, selon l'étude, « difficile de dire que le fœtus peut ressentir la douleur, parce que [cette perception] se développe au niveau postnatal en même temps que la mémoire ».

Les chercheurs touchent là à une complexité récurrente dès que l'on essaie d'appréhender la condition fœtale, qui ne peut être explorée que par comparaison avec des bébés prématurés.

Par exemple, en avril 2012, des chercheurs du CNRS ont réalisé une découverte étonnante : dès la 33e semaine de gestation, les prématurés seraient capables de reconnaître avec une main un objet déjà manipulé par l'autre main. Anodine à première vue, cette observation expérimentale a pourtant bousculé notre vision des capacités cognitives du fœtus. Chez l'être humain, le corps calleux relie les quatre lobes du cerveau entre eux : les lobes frontaux, temporaux, pariétaux et occipitaux. Cette commissure assure le transfert d'informations et la coordination entre les hémisphères gauche et droit. Ces résultats impliquent donc que le corps calleux est déjà opérationnel chez ces enfants nés avant terme. En revanche, ils ne disent rien de la façon dont ces capacités cognitives peuvent être utilisées dans l'environnement prénatal.

La souffrance comme indicateur

Finalement, ces observations scientifiques servent avant tout à éclairer la pratique clinique, par exemple sur le besoin d'analgésie avant une intervention intra-utérine pour des raisons diagnostiques ou thérapeutiques. Pour le groupe du Collège royal des obstétriciens et des gynécologues de Londres, cette précaution analgésique n'a plus de raison d'être à la lumière des preuves scientifiques relatives à l'incapacité du fœtus à ressentir la douleur de façon consciente, même après 24 semaines de gestation. Un point de vue qui n'est pas unanimement partagé.

En 2009, des chercheurs de l'université de l'Arkansas publient une synthèse dans laquelle ils ajoutent un dernier paramètre à cette problématique : les conséquences « mécaniques » de la douleur. Qu'elle soit consciente ou inconsciente, la stimulation des nocicepteurs déclenche dans tous les cas un stress physiologique, marqué par une soudaine augmentation d'hormones. Différent de la douleur émotionnelle ressentie par le fœtus, ce stress physiologique peut provoquer des changements développementaux à long terme, conduisant finalement à des effets neurologiques indésirables chez le nouveau-né. Les chercheurs préconisent ainsi, à la différence de leurs collègues britanniques, d'éviter la douleur fœtale pendant la gestation, ou *a minima* d'utiliser des antidouleurs permettant d'atténuer ce stress physiologique.

On le voit, si la science propose avant tout des réponses à la pratique obstétrique, les mouvements dits « pro-vie » n'hésitent pas à s'en servir pour mieux la détourner et, ainsi, apporter une caution rationnelle à leur revendication. Pour certains, la science aurait établi qu'un fœtus est capable de souffrir à partir de 22 semaines. Pour preuve, il réagirait lors de l'échographie par un mouvement de retrait de ses membres. Mauvaise foi ou erreur sincère, à partir du constat qu'un corps en souffrance réagit, les militants anti-IVG concluent abusivement que tout corps qui réagit souffre. De nombreuses autres intox circulent au sein des associations anti-IVG pour lesquelles l'avortement favoriserait le cancer du sein, la dépression et le suicide. Elles se fondent sur des articles scientifiques fumeux, portés par des personnalités ouvertement opposées dont le parcours ne ressemble en rien à celui d'un scientifique rigoureux. Et, lorsque des résultats de recherches sérieuses sont évoqués, leur interprétation et leurs conclusions sont le plus souvent déformées.

En réalité, les arguments scientifiques servent à mieux cacher un positionnement idéologique. Définir les contours de la vie, ou se référer à la science pour statuer sur la condition fœtale, est une aventure périlleuse. Si la science établit qu'un fœtus ne souffre pas avant telle ou telle semaine de grossesse, la souffrance ou la conscience sont-elles des arguments suffisants pour interrompre le processus biologique d'un être en devenir ? Quelles que soient les réponses à ces questions, chacun y trouvera le sens correspondant à sa propre sensibilité et à ses propres systèmes de valeur. Des valeurs religieuses ou une sensibilité exacerbée à toute ébauche de vie, pour les uns. Des valeurs liées aux droits humains pour les autres, à commencer par celui de la femme, souvent la seule à assumer à la fois la responsabilité de la contraception et les conséquences physiques et psychologiques d'une grossesse non désirée.

Chapitre VI
L'efficacité réelle de l'homéopathie

« Une telle décision [de dérembourser l'homéopathie] serait de nature à priver nombre de nos concitoyens d'une thérapeutique complémentaire essentielle à notre système de soin. »

LAURENT WAUQUIEZ, le 17 mai 2019.

En juillet 2019, Agnès Buzyn, alors ministre de la Santé, annonce une petite révolution dans le monde de l'homéopathie. De 30 %, le remboursement des petites pilules sucrées très prisées des Français par la Sécurité sociale passerait à 15 % en 2020, puis à 0 % en 2021. Cette décision fracassante fait suite à un rapport de la Haute Autorité de santé (HAS) selon laquelle les principes de l'homéopathie « ne sont pas soutenus par les données actuelles de la science » et « aucun mécanisme d'action complémentaire à celui de l'effet placebo n'a été démontré ».

Outre les laboratoires Boiron, poids lourd de la production de médicaments homéopathiques dans l'Hexagone, quelques personnalités politiques de premier plan, dont Laurent Wauquiez, Gérard Collomb ou encore Xavier Bertrand, montent au créneau pour défendre le droit des patients de choisir leur traitement, qu'il soit issu de la médecine traditionnelle ou alternative. Les responsables politiques soulignent également la menace qu'un tel déremboursement par la Sécurité sociale ferait peser sur le pouvoir d'achat des Français, massivement acquis à la cause homéopathique. Laquelle, selon l'Assurance maladie, a représenté près de 127 millions d'euros sur environ 20 milliards de remboursement de médicaments en 2018. Preuve que la mesure est hautement impopulaire, un sondage réalisé en 2018 par IPSOS pour *Le Parisien* indique que 77 % des Français déclarent avoir déjà consommé des petits granulés homéopathiques au moins une fois dans leur vie, et les trois quarts (74 %) des Français jugent les médicaments homéopathiques efficaces et sont opposés à l'arrêt de leur remboursement.

Quelques mois avant le verdict de la HAS, en avril 2019, une campagne de lobbying en faveur de l'homéopathie, intitulée « Mon homéo, mon choix », avait revendiqué plus de 1,2 million de soutiens – un chiffre dont la sincérité était contestée par certains. Comment expliquer le gouffre béant entre la perception de la HAS et celle des dizaines de millions d'utilisateurs en France de l'homéopathie ? Comment fonctionne exactement cette pratique médicale vieille de plus de deux cent vingt ans ? À l'heure des molécules actives et des thérapies géniques, comment l'homéopathie a-t-elle réussi à s'imposer dans nos habitudes malgré les attaques répétées de la médecine conventionnelle ? Le déremboursement de l'homéopathie est-il, comme l'affirme Laurent Wauquiez, de nature à mettre à mal notre système de soin ?

Le succès de l'homéopathie ne saurait se comprendre sans remonter au XVIIIe siècle jusqu'à une personnalité pour le moins singulière engagée dans un combat féroce contre l'élite médicale éclairée, combat qui n'est pas sans présenter d'étonnantes similitudes avec les querelles contemporaines.

Samuel Hahnemann

Samuel Hahnemann naît en 1755 dans la ville minière allemande de Meissen, en Saxe. Il y grandit au sein d'une famille de la classe moyenne supérieure appartenant à l'Église luthérienne. À 20 ans, il commence des études de médecine à Leipzig. Cette vocation lui vient en réalité d'une autre passion : son don pour les langues grecque, latine, française, anglaise, italienne, qu'il met à profit pour traduire en allemand de nombreux ouvrages de physiologie et de médecine. Une activité qui lui permet non seulement de subvenir à ses besoins d'étudiant, mais aussi de nourrir son bagage intellectuel et sa grande curiosité. Introduit dans le milieu maçonnique puis diplômé en médecine à 24 ans à Erlangen, Hahnemann s'établit à Dessau et épouse, en 1781, la belle-fille d'un apothicaire – ce dernier l'initiant à la préparation des remèdes – avec qui il aura onze enfants, dont trois seulement atteindront l'âge adulte.

Hahnemann n'est pas homme à tenir en place. S'établissant successivement dans de nombreuses villes allemandes, il semble ne jamais trouver satisfaction dans la pratique de la médecine qui, selon ses propres dires, lui coûte plus qu'elle ne lui rapporte. La médecine telle que pratiquée à l'époque entraîne également son lot de déceptions. Hahnemann ne croit plus en un certain nombre de thérapies empiriques comme les saignées, consistant à prélever du sang chez un malade afin d'améliorer son état, déjà vivement critiquées en cette fin du XVIIIe siècle. Pas plus qu'aux thérapies à base de thériaque, un remède préparé par les apothicaires et composé de pas moins d'une cinquantaine d'ingrédients naturels où surnagent les substances antiseptiques, toniques et stimulantes, doublées d'un peu d'opium. Hahnemann pressent qu'il faut réinventer la thérapeutique.

Tandis qu'il se concentre sur ses travaux de traduction, la lecture de la *Matière médicale*, du Britannique William Cullen, en 1790, change le cours de sa vie et l'amène vers le premier grand principe de l'homéopathie : soigner le mal par le mal. Hahnemann a contracté le paludisme lors de deux années passées à Hermannstadt, en Roumanie ; il s'aperçoit à la lecture de l'ouvrage que les symptômes dus à l'action de l'écorce du quinquina, un arbuste d'Amérique du Sud utilisé pour traiter le paludisme, sont similaires à ceux de la « fièvre tierce » périodique, justement provoquée par la malaria.

Pour en avoir le cœur net, il absorbe volontairement de fortes doses de quinquina plusieurs jours de suite et constate qu'il ressent des froideurs aux extrémités, des palpitations cardiaques, des tremblements, des maux de tête, en somme, tous les symptômes spécifiques de la crise paludéenne, à l'exception du « frisson particulier de l'accès pernicieux ». Pour lui, c'est la révélation : « L'écorce péruvienne, utilisée comme remède contre la fièvre intermittente, agit parce qu'elle peut produire sur les gens sains des symptômes semblables à ceux de la fièvre intermittente. » En d'autres termes, la fièvre du quinquina permet de soigner la fièvre du paludisme. Hahnemann introduit ici le principe de « similitude » et donne naissance à l'homéopathie, une thérapeutique nouvelle fondée sur l'idée qu'une substance donnant le mal est aussi celle qui le guérit.

Doté d'une forte personnalité, à même d'influencer son entourage, il expérimente ses idées sur sa famille et ses amis et convainc des médecins éminents de mettre en pratique sa théorie appliquée aux principales substances pharmacologiques connues à l'époque. L'expérimentateur va plus loin en tentant d'administrer aux malades des substances toxiques telles que l'arsenic ou les sels de mercure. Dans ce cas, il a toutefois l'idée de prescrire à très faible dose ces substances dangereuses pour l'organisme afin d'en limiter les effets.

C'est dans cette période que la préparation de solutions homéopathiques commence à se codifier. Hahnemann dilue ainsi 1 % de la substance active dans 99 % d'eau, puis il prélève 1 % de la solution obtenue pour la diluer à nouveau dans 99 % d'eau. Et ainsi de suite. Chaque dilution correspond à 1 CH (centésimales hahnemaniennes), de sorte que 30 CH correspond à une substance active diluée dans 99 % d'eau à trente reprises. En réalité, il finit par diluer de l'eau dans de l'eau, sans qu'aucune molécule de la substance active ne subsiste dans la préparation finale.

Mais cela, Hahnemann ne le sait pas. La notion de molécule, qui permet de quantifier la matière, n'est alors qu'à l'état de théorie. Lorsqu'il procède à ses dilutions, Hahnemann ne peut pas réaliser qu'au-delà de 12 CH, c'est-à-dire au-delà de douze dilutions successives, cela revient à produire un médicament sans la moindre trace de molécules actives. Toute dilution ultérieure revient donc à mélanger des molécules d'eau dans d'autres molécules d'eau. Ainsi, 4 CH revient à diluer 1 g d'une solution active dans 100 m^3 d'eau liquide ; 9 CH revient à diluer 1 g dans 1 000 km^3, c'est-à-dire un quart du volume contenu dans la Manche. L'effet est exponentiel : 12 CH correspond à une dilution d'un gramme de substance active dans l'océan Indien et l'océan Pacifique réunis, tandis que 30 CH correspond à 1 g de substance active diluée dans dix mille fois la masse de la partie visible de l'Univers, rassemblant toutes les planètes, les étoiles, les galaxies…

En 1806, Hahnemann expose sa doctrine dans *La Médecine de l'expérience*, rééditée en 1810 sous le titre : *Organon de la médecine rationnelle*. C'est la deuxième édition, en 1819, de ce traité de médecine homéopathique qui portera le titre connu de tous les adeptes de l'homéopathie, l'*Exposition de la doctrine médicinale homéopathique ou Organon de l'art de guérir*, traduit en différentes langues et devenu une sorte de bible de l'homéopathie, définie selon ces termes : « La méthode homéopathique est celle qui, calculant bien la dose, emploie contre l'ensemble des symptômes d'une maladie naturelle, un remède capable de provoquer chez l'homme bien portant des symptômes aussi semblables que possible à ceux que l'on observe chez les malades. »

Très codifiée, la production homéopathique nécessite, pour chaque dilution, de frapper dix fois le bocal contenant la solution contre un livre à la reliure en cuir. C'est l'étape de « dynamisation » du principe actif duquel il ne reste pourtant rien. Selon les principes de l'homéopathie, le pouvoir d'action de la solution est alors renforcé. Le sel devient rapidement la star des médicaments homéopathiques. Dilué dans de l'eau jusqu'à épuisement, il serait, pour Hahnemman, un puissant remède contre de nombreuses maladies. Efficace pour traiter environ… mille deux cents symptômes.

L'idée maîtresse de l'homéopathie, selon laquelle une substance donnant le mal est aussi celle qui le guérit – pour peu qu'elle soit prescrite à très faible dose, mais néanmoins « dynamisée » –, suscite très vite de vives controverses dans le milieu médical traditionnel. Devant cet échec à convaincre ses confrères, selon lesquels il est absurde de soigner une maladie par un remède qui ne contient plus la moindre trace de principes actifs, Hahnemann déménage dans la ville universitaire de Leipzig où il entreprend d'enseigner son art à qui veut bien le recevoir. Il déménage une soixantaine de fois durant sa vie, usant de son charisme et de sa ferveur religieuse pour grossir toujours un peu plus le cercle de ses disciples dans de nombreuses villes allemandes et étrangères.

Mille deux cents substances homéopathiques voient le jour durant cette période, conditionnées dans de petits flacons reconnaissables. Cette dimension de « missionnaire » renforce également sa réputation de charlatan, au point qu'en 1820, un tribunal de Leipzig lui interdit la préparation et la vente de médicaments. Engagé dans un combat féroce contre l'élite médicale éclairée, qu'il qualifie de « profiteuse » et d'« escroc », Hahnemann n'hésite pas à user et abuser d'une rhétorique victimaire et absolutiste, opposant le bon sens paysan aux théories de salon, quitte à hystériser l'opinion.

Homéopathie contre médecine classique

Si l'homéopathie rencontre un tel succès en dépit d'une époque qui se veut de plus en plus rationnelle, c'est précisément grâce à sa dimension spirituelle, voire religieuse, qui attire divers courants antimatérialistes tels que les saint-simoniens, les fouriéristes ou les socialistes, tous séduits par l'idée d'une opinion publique éclairée prise à témoin de sa liberté bafouée. C'est aussi l'époque du spiritisme et des magnétiseurs, qui prospèrent sur les ruines d'une séparation de plus en plus nette entre le corps et l'esprit, entre la science et la religion. Promesse d'une réconciliation entre le rationnel et le spirituel, l'homéopathie réussit ainsi l'exploit de faire cohabiter dans ses rangs des médecins et des non-médecins, des catholiques et des socialistes, des spirites et des magnétiseurs.

On retrouve, déjà à cette époque, une rhétorique qui peut nous sembler bien familière aujourd'hui, opposant la liberté du peuple à décider de la façon de se soigner, aux autorités de médecine lancées dans un mouvement irrémédiable vers le progrès, au risque de négliger la dimension psychologique, voire spirituelle du soin. Hahnemann réussit également à inventer une ligne de démarcation entre deux médecines : la sienne, l'homéopathie, fondée sur le traitement du mal par une substance similaire, et la médecine classique, reposant selon lui sur le principe du « soin par les contraires », qu'il baptise « allopathie ».

Une posture absolutiste obligeant les adeptes à se positionner d'un côté ou de l'autre de cette nouvelle ligne imaginaire. Quiconque ne suit pas à la lettre sa propre vérité scientifique ou remet en doute son dogme, ne serait-ce qu'en proposant de compléter les soins homéopathiques par des remèdes plus conventionnels, quiconque ne suit pas précisément les prescriptions du nouveau prophète est l'objet de son courroux et se voit rejeté de la communauté.

L'homéopathie entre d'ailleurs en parfaite résonnance avec l'état d'esprit contestataire de la sphère intellectuelle française du milieu du XIXe siècle. Veuf depuis cinq ans, Samuel Hahnemann épouse, à l'âge de 80 ans, Mélanie d'Hervilly, une jeune Française de quarante-cinq ans sa cadette, qui l'introduit dans les salons parisiens et participe à la diffusion de l'idéologie homéopathique dans le milieu aristocratique, philosophique et politique du pays, alors en recherche d'idées novatrices et alternatives.

Le savant charismatique est prêt à rendre coup pour coup les attaques répétées de la sphère scientifique, mais malgré le prosélytisme et le dynamisme certains dont il fait preuve, Hahnemann ne parvient jamais tout à fait à s'imposer dans la pratique médicale. Son intransigeance contre les « impurs » a en réalité des effets dévastateurs sur la diffusion de l'homéopathie. Un grand schisme est ainsi consommé, dès les années 1830, entre Hahnemann et ceux qu'il qualifie d'homéopathes « bâtards » ou « éclectiques ». Hahnemann meurt en 1843 à la suite d'une bronchite.

Quelques décennies plus tard, la révolution bactériologique de Koch et de Pasteur conduit les insoumis à remettre en cause le postulat hahnemannien selon lequel la maladie se réduit à ses symptômes. Rejetée des hôpitaux, l'homéopathie investit alors les cabinets médicaux libéraux où se joue, bien plus qu'ailleurs, la clé du traitement homéopathique : la relation entre le patient et le médecin.

La démocratisation de l'homéopathie est par ailleurs ralentie par le temps et les efforts nécessaires pour les dilutions successives et la dynamisation des solutions, effectuées manuellement par les quelques apothicaires qui cautionnent cette pratique. Il faut attendre les années 1920 et la création de laboratoires spécialisés dans la fabrication industrielle des solutions homéopathiques pour en faire un produit bon marché, accessible à tout un chacun.

Fondé en 1932, le plus célèbre d'entre eux, le laboratoire Boiron, dispose aujourd'hui d'un siège social à Lyon et de quatre sites de production en France, lui permettant d'arroser une cinquantaine de pays de ses granules homéopathiques, pour un chiffre d'affaires annuel d'environ 620 millions d'euros. Prescrits chaque année en France par environ quatre mille médecins déclarés homéopathes, les médicaments prennent aujourd'hui la forme de petites billes de sucre aspergées d'une infime portion de la substance active, elle-même diluée à l'infini.

Ainsi, sur 100 g de granules est pulvérisé 1 g de la solution homéopathique, à l'origine issue d'extraits d'animaux, de plantes, de minéraux, mais aussi de sécrétions de malades. D'autres solutions homéopathiques renferment le souvenir d'extraits de testicules de taureau ou de venin de crapaud, voire de serpent. Or, ce sont ces billes de sucre, sur lesquelles il ne reste plus rien de la substance active, que les patients vont ingérer pour combattre leurs symptômes.

Par exemple, la fiche technique du Diaralia indique que ce remède, censé soigner les diarrhées, contient de l'« *Arsenicum album, 9 CH* ». Cette valeur indique que le dérivé de l'arsenic a subi neuf dilutions successives, de sorte qu'il en reste un milliardième de milliardième (10^{-18}) de la quantité de départ. La dynamisation, censée donner sa « force » au produit, est quant à elle effectuée industriellement au moyen d'une machine spécialement conçue à cet effet.

Effet placebo

Selon Olivier Faure, historien de la santé et de la protection sociale, professeur émérite de l'université de Lyon et membre du Laboratoire de recherche historique Rhône-Alpes, c'est en 1938 que les médicaments d'homéopathie ont été inscrits dans la liste des produits remboursés par les assurances sociales, ancêtres de la Sécurité sociale. D'après lui, on peut penser que ces nouveaux laboratoires homéopathiques, qui étaient intégrés aux syndicats de laboratoires pharmaceutiques, sont à l'origine de ce remboursement, puis de l'intégration des médicaments homéopathiques à la pharmacopée – un ouvrage réglementaire destiné aux professionnels de santé – d'abord en annexe, puis pleinement en 1965.

Nous n'irons pas par quatre chemins : à aucun moment la science n'a réussi à prouver la moindre efficacité de l'homéopathie à traiter des maladies, au-delà de l'effet placebo. Et ce malgré les nombreux essais cliniques réalisés à ce sujet depuis une trentaine d'années. En 2004, l'Académie de médecine dénonçait déjà une « méthode obsolète, imaginée il y a deux siècles à partir d'*a priori* conceptuels dénués de fondement scientifique ». Au début du mois de mars 2015, le plus important des organismes dédiés à la recherche en Australie, le National Health and Medical Research Council (NHMRC) – l'équivalent de notre Institut national de la santé et de la recherche médicale (INSERM) – a passé en revue deux cent vingt-cinq études ayant examiné le bénéfice des traitements homéopathiques sur soixante-cinq maladies que la doctrine médicale prétend guérir. Résultat guère surprenant : les petits granules prescrits ne sont pas plus efficaces que « des pilules de sucre »... ce qu'ils sont, en définitive. Dans chaque étude examinée, au moins deux groupes avaient été constitués : ceux prenant des granules et ceux recevant un placebo – du sucre – ou encore un traitement reconnu. En d'autres termes, ceux ingérant un médicament homéopathique ou de simples billes de sucre (sans savoir lequel des deux) observaient le même effet.

L'avis de la commission de la transparence de la HAS rendu en juin 2019, adopté à la très grande majorité (une seule voix contre), ne dit pas autre chose. Pourtant prudente et soucieuse d'adresser un « message de respect aux personnes qui utilisent l'homéopathie » afin de ne pas « contester leur expérience », Dominique Le Guludec, présidente du collège de la HAS, rappelle que les principes de l'homéopathie « ne sont pas soutenus par les données actuelles de la science » et qu'« aucun mécanisme d'action complémentaire à celui de l'effet placebo n'a été démontré ». Pour vingt-quatre affections, ou symptômes cibles, étudiées, « aucune étude robuste n'a démontré la supériorité en termes d'efficacité (morbidité) des médicaments homéopathiques par rapport à des traitements conventionnels ou au placebo », ni « aucun impact en termes de qualité de vie ». Suivant la procédure, et avant de formuler un avis définitif, la commission a pourtant auditionné à leur demande les trois grands industriels homéopathiques – Boiron, Weleda et Lehning –, qui ont été incapables d'apporter des arguments scientifiques convaincants.

La mémoire de l'eau

Certains ont bien tenté de trouver une explication scientifique, rationnelle aux effets bénéfiques de l'homéopathie. En 1988, Jacques Benveniste, un immunologiste français de l'INSERM, s'embourbe de son propre fait dans une polémique scientifique aux conséquences désastreuses pour sa brillante carrière. Directeur de plusieurs unités de recherche, conseiller du ministre de la Recherche Jean-Pierre Chevènement de 1981 à 1983, Benveniste publie dans la prestigieuse revue *Nature* une étude selon laquelle l'eau garderait une mémoire des composés avec lesquels elle a été en contact, même si ces composés ne sont plus « physiquement » présents, à l'échelle moléculaire, dans les échantillons d'eau.

L'auteur y décrit la réaction de globules blancs (des cellules du système immunitaire jouant un rôle essentiel dans la lutte contre les infections et les cancers) au contact d'un anticorps, une glycoprotéine complexe elle aussi impliquée dans la réponse immunitaire de l'organisme. Or, après dilution de l'anticorps dans de l'eau, au point d'en éliminer statistiquement toute trace, le chercheur affirme continuer d'observer des réactions identiques de la part des globules blancs. Ainsi, les molécules d'eau, pourtant liées entre elles par une force de van der Waals extrêmement ténue et opérant à très courte distance, conserverait un « réseau ordonné » sur une très, très longue durée.

Ces résultats, considérés aussitôt comme une preuve scientifique en faveur des solutions homéopathiques, sont massivement repris par les médias. Le journal *Le Monde* y consacre sa une du 30 juin 1988, où Benveniste estime lui-même : « Les résultats de notre recherche imposent à tous, et surtout à la communauté scientifique, un considérable effort d'adaptation. Il s'agit d'entrer dans un autre monde conceptuel. Le changement de mode de pensée n'est pas moins grand que lorsqu'on est passé avec la Terre de la platitude à la rotondité. [...] Les études que nous présentons montrent l'existence d'un effet de type moléculaire spécifique en l'absence de molécule. La procédure utilisée s'apparente à celle qui ferait agiter dans la Seine au Pont-Neuf la clé d'une automobile puis recueillir au Havre quelques gouttes d'eau pour faire démarrer la même automobile, et pas une autre. On comprend dès lors les réticences, voire l'agressivité, au nom de la déesse Raison, des adversaires de ce type d'expériences. »

Selon les défenseurs de l'homéopathie, c'est cette mémoire de l'eau du principe actif disparu qui permettrait de faire la différence entre une solution homéopathique et une solution aqueuse classique. Une découverte majeure qui, si elle se voyait confirmée, vaudrait à coup sûr un prix Nobel à son auteur. De surcroît, ce principe impliquerait que chaque gorgée d'eau que nous consommons au quotidien agirait de façon unique sur l'organisme en fonction de son parcours... pouvant remonter à la préhistoire !

Malheureusement pour Benveniste, aucun autre laboratoire n'a pu reproduire son expérience avec succès. De fait, en raison des forces ténues reliant les molécules d'eau entre elles, aucun réseau ordonné de molécules ne parvient à tenir plus... d'une demi-nanoseconde ! Au lieu de cela, l'eau présente une structure tridimensionnelle totalement aléatoire et fluctuante. Dès lors, de sérieux doutes sont jetés sur la pertinence des travaux de Benveniste. Accusé d'avoir suivi une méthode scientifique peu rigoureuse, voire d'avoir carrément truqué ses résultats, il est aussi montré du doigt pour avoir été sous contrat avec les laboratoires homéopathiques Boiron au moment de sa « découverte ».

Le 28 juillet 1988, une équipe d'experts est désignée par la revue *Nature* afin de mener une contre-enquête. Dans leur article intitulé : « *High dilution experiments a delusion* » (la désillusion des hautes dilutions), les experts regrettent de ne pouvoir reproduire l'expérience en question : « Le phénomène décrit n'est pas reproductible au sens habituel du terme. Nous concluons [...] que l'idée que l'on puisse imprimer dans l'eau la mémoire de solutés y ayant transité est aussi inutile que fantaisiste. » Discrédité par une grande partie de la communauté scientifique, Benveniste décroche le prix parodique Ig-Nobel, pour sa théorie sur la mémoire de l'eau en 1991, et à nouveau en 1998, pour avoir affirmé que cette mémoire pouvait être transmise *via* le téléphone et Internet.

Dimension psychologique

Les efforts déployés pour prouver scientifiquement l'efficacité de l'homéopathie ne font qu'aggraver les crispations entre médecine conventionnelle et médecine homéopathique. À plus forte raison parce que praticiens et patients homéopathes constatent bel et bien les effets positifs des hautes dilutions sur la santé. Dans cette affaire, seuls les plus honnêtes et/ou lucides admettent que tout se joue dans la relation entre le praticien et le patient, trop souvent sacrifiée au nom de l'efficacité médicamenteuse.

Bouclées en une vingtaine de minutes, les consultations conventionnelles se fondent sur un diagnostic clinique implacable accompagné d'une prescription médicamenteuse souvent découplée de l'unicité, de la personnalité et du vécu du patient. À l'inverse, la grande force de l'homéopathie consiste à considérer l'organisme dans son unité à la fois physique et psychique, et non plus en fonction de la seule maladie. En engageant le dialogue, en sondant le passé du patient et en lui proposant un traitement sur mesure, le médecin homéopathe va puiser au maximum dans le psychisme pour venir à bout du mal qui saisit l'organisme.

Une réconciliation au sommet entre le corps et l'esprit s'incarnant dans une utilisation pleine et entière de l'effet placebo qui, on le sait, est capable d'accomplir des miracles. Les implications sont alors illimitées. Un parent rassuré de donner à son enfant une solution homéopathique transmettra à celui-ci un excès de confiance et de sérénité qui pourra jouer directement sur son état. Certains rapportent même un effet des pilules homéopathiques sur leurs animaux de compagnie.

La question du remboursement

Ce manque de lien entre le patient et le praticien s'incarne à merveille dans le « Baromètre santé 360 » Odoxa pour Nehs, Orange et l'Asip-Santé, publié avec *Le Figaro Santé* et France Inter en janvier 2019. Si plus de 85 % des personnes interrogées affirment leur confiance en la science et en la médecine conventionnelle, ils sont également 70 % à croire aux bienfaits pour la santé des « médecines alternatives et complémentaires ». Parmi elles, l'ostéopathie et l'acupuncture sont plébiscitées respectivement par 85 % et 78 % des sondés, et l'homéopathie arrive en troisième position avec 72 % de convaincus. Toutefois, la moitié des Français seulement déclarent utiliser cette dernière « régulièrement » ou « de temps en temps » pour se soigner.

L'utilisation massive de l'homéopathie devrait-elle justifier à elle seule son remboursement par la Sécurité sociale ? Après tout, qu'importe le principe d'action du remède, dût-il reposer exclusivement sur l'effet placebo, du moment qu'il délivre des résultats significatifs ? Dans ce cas, n'importe quel gourou prétendant avoir mis au point un médicament faisant appel à l'effet placebo pourrait réclamer sa prise en charge par la collectivité. Comment distinguer alors, si ce n'est par des preuves scientifiques tangibles, les remèdes dignes d'intérêt des solutions proposées par le premier charlatan venu ?

Autre argument massue de la part des défenseurs de l'homéopathie : en invoquant le pouvoir de l'esprit, les granules de sucre permettraient de soigner des petites maladies sans faire appel à des traitements chimiques plus onéreux. « Le déremboursement de l'homéopathie est une fausse bonne idée et coûterait plus cher ! », affirmait le 22 avril 2019 sur Twitter Xavier Bertrand, président de la région des Hauts-de-France. Selon les laboratoires Boiron, un patient pris en charge par un homéopathe coûterait ainsi 35 % moins cher à la Sécurité sociale que les autres patients. Or, en moyenne, les médicaments à prescription facultative, destinés à traiter de faibles symptômes tels que la fièvre, les rhumes ou les diarrhées, ne coûtent pas plus cher que les pilules homéopathiques, autour de 2,50 euros.

Par ailleurs, une étude réalisée par une équipe anglo-américaine, de l'Institute for Social Medicine de Berlin, pendant trente-trois mois sur quarante-trois mille patients allemands, conclut quant à elle que les malades traités par homéopathie coûtent environ 20 % plus cher au système de santé que les malades ayant suivi un traitement conventionnel. En France, une étude réalisée par la Caisse nationale d'assurance maladie, en 2012, a montré que 55 % des médicaments homéopathiques sont en réalité prescrits en complément d'un médicament classique. Enfin, l'homéopathie risque bien souvent de retarder la prise en charge du patient avec des moyens scientifiquement éprouvés. À force d'avoir laissé progresser la maladie, le traitement global du malade coûtera finalement plus cher.

Les Français ne s'y trompent pas : une écrasante majorité (85 %) reste persuadée que la médecine conventionnelle est plus contrôlée, plus scientifique et plus efficace contre les maladies graves que l'homéopathie. C'est d'ailleurs sur ce dernier point que les détracteurs de l'homéopathie soulignent les dangers des granules sucrés. Car si l'ingestion de médicaments homéopathiques ne peut pas faire de mal pour la santé, elle risque néanmoins de détourner le patient de traitements plus sérieux dans le cas de pathologies lourdes telles que la grippe, voire le cancer. Or, chaque jour perdu est une chance en moins de venir à bout de ces fléaux sanitaires. Les médecins homéopathes promettant à des patientes atteintes du cancer du sein de les soigner par l'homéopathie ne sont pas des cas isolés. En retardant la prise en charge des malades par la médecine conventionnelle, ces médecins homéopathes les poussent lentement mais sûrement vers la mort.

Dans ce contexte, il apparaît indispensable de fournir aux patients une information fiable et de qualité leur permettant de choisir en toute conscience le traitement qui leur convient en fonction de la gravité de leurs symptômes. Trop souvent les laboratoires homéopathiques entretiennent un flou artistique sur la composition réelle des granules de sucre, agrémentés d'un packaging attractif valorisant une médecine « naturelle » flirtant avec la publicité mensongère. Le sondage Odoxa déjà cité confirme cette profonde méconnaissance des principes et modes de fabrication de l'homéopathie, qui s'est imposée au fil des siècles, avec 56 % des sondés reconnaissant ne pas en avoir d'idée précise. De même, 77 % des sondés voudraient qu'un site web officiel, labellisé par l'État, leur indique quels soins sont reconnus scientifiquement, et lesquels ne le sont pas.

Biodynamie : l'ésotérisme de l'agriculture

À première vue, la mention « Vin biodynamique » sur l'étiquette d'une bonne bouteille de rouge aurait de quoi attirer les adeptes des produits bios. Si la biodynamie répond généralement au cahier des charges de l'agriculture biologique, la petite touche qu'elle entend apporter pour « vivifier » les sols et les cultures a néanmoins de quoi surprendre.

À son origine : Rudolf Steiner, né en Autriche en 1861 et fondateur de l'anthroposophie, un courant de pensée ésotérique basé sur la superstition et régulièrement accusé de dérives sectaires. Appliquée à l'agriculture, l'anthroposophie se base sur plusieurs paradigmes invérifiables par la science : influencée par des forces invisibles, la Terre répondrait, au sein d'une matrice physico-spirituelle, à des rythmes et à des relations cosmiques aux règles impénétrables pour le commun des mortels. Parmi elles, la préparation selon des rituels précis de substances sur mesure à ajouter au compost ou à pulvériser directement sur les cultures, destinées à « dynamiser » les sols et augmenter leurs rendements. Bref, un protocole qui présente de fortes similitudes avec l'homéopathie.

Diluées à des doses de 3 ou 4 CH, ces substances peuvent provenir d'extraits d'achillée macérée dans des vessies, des intestins ou des crânes d'animaux en tout genre. Le produit phare : des bouses conditionnées dans des cornes de vache. Guidé par une intuition encore mystérieuse à ce jour, Steiner affirmait que « la vessie du cerf est connectée aux forces du cosmos ». Aujourd'hui, avec environ 14 000 ha de terrains dédiés, la France est le troisième pays au monde à utiliser la biodynamie.

Chapitre VII
C'est quoi la mort ?

« Vincent n'est pas en fin de vie,
Vincent n'est pas un légume [...]
Vincent est un être humain, il n'est pas un objet. »

VIVIANE LAMBERT, le 1er juillet 2019.

Le jeudi 11 juillet 2019 à 8 heures, Vincent Lambert meurt à l'âge de 42 ans, neuf jours après que le corps médical a cessé de l'alimenter et de l'hydrater. Plongé dans une sédation « profonde et continue », cet infirmier psychiatrique, tétraplégique et en état végétatif depuis un accident de la route en septembre 2008, a donc « cessé de vivre » dans son lit de l'hôpital de Reims. Ce matin-là, la France sort de onze longues années d'un feuilleton juridique auquel s'est mêlée une triste affaire de famille.

Au-delà des multiples décisions médicales et rebondissements judiciaires, c'est surtout la question épineuse de la pratique de l'euthanasie qui a déchiré le pays. En considérant que « Vincent n'est pas en fin de vie », sa mère, qui s'est farouchement battue contre l'arrêt des traitements, s'est faite la porte-parole des pourfendeurs de ces pratiques autorisées dans d'autres pays. En n'hésitant pas à assimiler l'arrêt des traitements à un « assassinat », elle soulève aussi une question fondamentale, parfait miroir du débat sur l'avortement : qu'est-ce que la mort ? Correspond-elle à l'arrêt des fonctions biologiques de l'organisme ? La mort peut-elle être déclarée sur la base d'un traumatisme cérébral grave et irréversible, y compris lorsque le corps continue de « vivre » ? Ou bien la mort est-elle avant tout une construction sociale ?

La mort

Au cours de la préhistoire et pendant toute l'Antiquité, la mort représente une valeur symbolique, elle est personnifiée par divers animaux et figures à caractère divin. L'embaumement pratiqué en Égypte antique lors des processus de momification sert avant tout à conserver les corps dans l'espoir d'atteindre l'immortalité. Si elles permettent de jeter des bases préliminaires sur l'anatomie humaine, les dissections à caractère « scientifique » sont prohibées. À l'exception de cette courte période, la dissection du corps humain, considéré comme sacré, reste interdite pendant une bonne partie de l'Antiquité gréco-latine (on pense également que certaines dissections sur des gladiateurs ont été effectuées par le médecin Galien autour de 130 ap. J.-C.). La connaissance de la mort est avant tout clinique : le simple constat de signes extérieurs tels que l'immobilité, accompagnée d'un regard fixe ou d'une dilatation des pupilles suffit à déclarer un décès. Pour en avoir le cœur net, certains médecins placent un miroir devant la bouche du patient, afin de s'assurer qu'il n'y a pas formation de buée, preuve indiscutable de l'arrêt de la fonction respiratoire.

La première civilisation à s'intéresser biologiquement à la mort est celle de la dynastie hellénistique issue de Ptolémée qui règne en Égypte vers 300 ans av. J.-C. Des dissections systématiques y sont effectuées sur des dépouilles humaines. Des condamnés à mort sont même confiés aux médecins grecs Hérophile et Erasistrate. Ceux-ci, persuadés que les organes prélevés sur un corps mort sont très différents de ceux prélevés sur un corps vivant, effectuent plusieurs centaines de vivisections.

Plus tard et pendant des siècles, même si l'Église catholique n'interdit pas formellement la dissection humaine, celle-ci reste peu pratiquée pour des raisons morales. Elle se banalise au XIIIe siècle lorsque les autorités cherchent à élucider des affaires criminelles, ou encore à combattre les épidémies. Cette étude de la mort « biologique » permet d'observer la fin de vie des cellules et des tissus, de constater le processus de liquéfaction, la putréfaction associée à l'émission de méthane et d'odeurs nauséabondes, avant que les chairs ne se détachent des os.

Jusqu'à la moitié du XXe siècle, la mort est surtout définie vis-à-vis de la défaillance de trois systèmes d'organes critiques : circulatoire, respiratoire et neurologique. Une personne est déclarée décédée lorsqu'elle est jugée non réactive, sans pouls ni respiration spontanée. Le diagnostic est facilité par le fait que la perte de l'une de ces trois fonctions conduit rapidement à celle des deux autres : un arrêt cardiaque entraîne dans la foulée une perte de la conscience et de la respiration, tandis qu'une blessure grave à la tête signe l'arrêt du souffle et, un peu plus tard, du cœur. Le développement des techniques de réanimation va changer la donne.

La réanimation

Le concept de réanimation est, pour ainsi dire, vieux comme le monde. Dès 1500 av. J.-C., les Égyptiens effectuent des gestes s'apparentant aux techniques de trachéotomie tandis que les méthodes de bouche-à-bouche sont pratiquées pendant des siècles sur des nouveau-nés. En parfaite cohérence avec son rôle primordial de combattre la mort, la médecine perfectionne petit à petit ses techniques de réanimation, ramenant à la vie des corps destinés à s'éteindre... avec des résultats relatifs. Préconisé en 1733 par le savant Louis Bourguet, le procédé consistant à insuffler de la fumée de tabac dans le rectum pour réanimer un noyé en hypothermie est introduit en France en 1740 (les rives des grands fleuves d'Europe sont alors pourvues de boîtes fumigatoires à cet effet). En 1744, le chirurgien écossais William Tossach rédige la toute première description clinique de la technique de bouche-à-bouche qu'il a pratiquée avec succès le 3 décembre 1732 sur un mineur asphyxié.

Philip Drinker et Louis Agassiz Shaw, de la Harvard Medical School, inventent en 1927 le « poumon d'acier », une machine à l'allure de module d'hibernation spatial permettant à une personne de respirer en cas d'insuffisance pulmonaire. L'appareil est constitué d'une chambre centrale et d'un tambour d'acier cylindrique, il imite l'action physiologique de la ventilation pulmonaire. Un système de pompes permet ainsi d'augmenter et de diminuer, de façon périodique, la pression à l'intérieur de la chambre, forçant les poumons à réagir en miroir en inspirant et en expirant l'air concomitamment. Il est largement utilisé, dans les années 1950, en Europe, lors de l'épidémie de poliomyélite, sur des patients présentant des difficultés respiratoires.

La réanimation connaît un essor considérable à partir des années 1960 avec l'amélioration des techniques du massage cardiaque et de la ventilation artificielle. Si, à la suite d'un arrêt cardio-respiratoire, sans intervention extérieure, la Grande Faucheuse l'emportait autrefois, les méthodes de réanimation permettent depuis plusieurs décennies de faire reprendre certaines activités physiologiques après leur suspension.

Mort et conscience

Jadis vénéré, sacré, le corps humain est donc devenu au cours des siècles une machine que l'on pourrait presque faire fonctionner en la branchant au secteur. Au risque d'en oublier un élément essentiel à la caractérisation de la vie d'un individu… la conscience. Or, de l'avis médical général, cette conscience est générée par l'un des organes les plus importants du corps humain : le cerveau.

Dès le début des années 1960, des organisations du monde entier commencent à envisager un nouveau concept du trépas : la mort cérébrale. Décrite pour la première fois, en 1959, à l'hôpital Claude-Bernard par l'infectiologue Pierre Mollaret et le neurologue Maurice Goulon, la mort cérébrale est légalement reconnue en France par la circulaire du 24 janvier 1968.

La même année, Henry Beecher, chercheur à l'université Harvard, publie un rapport décrivant précisément l'état d'un individu ne présentant plus aucune activité électrique cérébrale ni de réactivité à un examen neurologique. Cette nécrose du tissu cellulaire cortical peut trouver son origine dans un œdème, de l'hypertension intracrânienne, ou encore dans l'interruption de la circulation sanguine du cerveau. Le rapport propose une série de tests destinés à diagnostiquer cet état de mort cérébrale, similaires, dans les grandes lignes, aux tests effectués aujourd'hui : absence de réponse à des stimuli extérieurs, perte des fonctions cérébrales principales – celles, en particulier, responsables de la respiration spontanée – ou encore inconscience jugée irréversible.

Le cas des individus déclarés morts qui se réveillent

Le thème des défunts ressuscitant a longtemps nourri l'imaginaire des écrivains comme des cinéastes. Dans la vie réelle, les faits divers relatant le réveil d'une personne considérée comme décédée remplissent de temps en temps les colonnes des journaux. En janvier 2018, Gonzalo Montoya Jiménez, 29 ans, détenu à la prison de Villabona dans les Asturies, en Espagne, est déclaré mort par deux médecins à la suite d'une tentative de suicide par médicaments. Au moment de l'autopsie, le médecin légiste perçoit de petits cris et des mouvements à travers le sac mortuaire dans lequel est enfermé le jeune père de famille. En ouvrant la fermeture éclair, il découvre un patient bel et bien vivant et lui constate une pneumonie, contractée lors de son passage en chambre froide.

Fin avril 2017, une mère de famille souffrant d'anorexie est découverte inanimée par sa fille de 18 ans. Le médecin du Samu de l'hôpital de la Pitié-Salpêtrière la déclare morte d'un arrêt cardiaque et signe le certificat de décès à 18 h 10, avant de passer le relais à la police judiciaire. Au moment de débuter leur enquête, soulevant le drap sous lequel repose la dépouille, les agents remarquent des mouvements au niveau du ventre. Une simple recherche de pouls suffit à constater de faibles réactions de la victime. Suivront 30 minutes de massage cardiaque qui permettront au cœur de repartir avant que la femme soit transportée en réanimation à l'hôpital Necker.

Beaucoup moins réjouissants, plusieurs cas font état de personnes d'abord constatées cliniquement décédées, qui reviennent à la vie quelques instants, avant de décéder à nouveau. Ainsi, en 2014, déclarée morte à la suite d'une forte fièvre de plusieurs jours, une fillette se réveille temporairement dans son cercueil pendant ses propres funérailles, au sud des Philippines. Immédiatement recueillie dans les bras de ses parents, la petite fille est transportée en consultation dans une clinique, où elle succombe définitivement.

La science-fiction ou le surnaturel n'ont évidemment rien à voir avec ces histoires. Comment la science explique-t-elle ces cas qui, portés à la connaissance du grand public, instillent le doute quant à l'irrévocabilité de la mort et compliquent le travail de deuil des familles ? Si chaque situation est particulière, les trois personnes citées en exemple partagent un point commun : celui de s'être retrouvées pendant un court instant dans un état d'hypométabolisme, durant lequel le corps, pour une raison ou pour une autre (altération du cerveau, froid extrême), se met en hibernation, l'activité énergétique de toutes ses cellules ralenties au minimum... avant que le sang réussisse à circuler à nouveau correctement dans les vaisseaux. Ainsi, certaines intoxications médicamenteuses peuvent plonger l'organisme dans un coma profond avec une activité cérébrale très basse, et une respiration extrêmement ténue, voire quasi absente. Dans les cas d'hypothermie extrêmes, le pouls est capable de ralentir à un point tel qu'il devient difficile à détecter.

Cette nouvelle définition de mort cérébrale n'est pas sans conséquence. Ainsi, un individu peut être déclaré mort même si son cœur continue à battre grâce à des mesures artificielles de maintien des fonctions vitales. Cette conception du trépas sort du cercle strictement médical et devient un sujet de réflexion sociétal au cours des années 1970. À cette époque, aux États-Unis, chaque État développe ses propres critères de mort cérébrale sans réelle coordination ni consensus à l'échelle fédérale, de sorte qu'un individu peut être déclaré mort dans un État tout en restant légalement vivant dans un autre. En France, un décret de 1996 permet aux médecins de constater la mort cérébrale d'un individu préalablement à un prélèvement d'organes en vue d'une transplantation.

En 2012, l'OMS propose la définition suivante de la mort : « La mort se produit lorsqu'il y a perte permanente de la capacité de conscience et perte de toutes les fonctions du tronc cérébral. Ceci peut être la conséquence d'une cessation permanente de l'activité circulatoire et/ou d'une blessure catastrophique au cerveau. Dans le contexte de la détermination de la mort, "permanent" se réfère à une perte de fonction qui ne peut reprendre spontanément et ne peut être restaurée par intervention. »

La difficulté réside dans le fait qu'un cerveau traumatisé est rarement « complètement vivant » ou « complètement mort ». L'arrêt de son fonctionnement passe souvent par un continuum d'étapes qui rend difficile la fixation d'un « seuil » au-delà duquel sa mort totale et définitive peut être enfin déclarée. À la suite d'une lésion cérébrale, un patient a plutôt tendance à se retrouver dans l'un des quatre grands états de conscience « intermédiaire » ou « altérée » tels que définis par le corps médical. Dans le pire des cas, un sujet plongé dans le coma gardera les yeux fermés, même lors de stimulations extérieures, et ne montrera aucun signe de conscience. L'état d'« éveil non répondant », ou « état végétatif », fait quant à lui référence à un sujet éveillé, mais sans signe de conscience de soi ni de son environnement. L'état d'« éveil répondant », ou de « conscience minimale », indique un sujet éveillé, les yeux ouverts, présentant des signes clairs, mais limités, de conscience. Enfin, le « locked-in syndrome », ou syndrome d'enfermement, considère un état d'éveil et de conscience normaux, mais dans un corps totalement paralysé.

Des outils pour déterminer où commence l'acharnement thérapeutique

De plus en plus fréquents à mesure que les techniques de réanimation des corps gagnent en efficacité, ces états de conscience altérée nécessitent une précision et une fiabilité de diagnostic incontestables, non seulement pour appliquer au patient une bonne prise en charge, mais aussi pour trancher l'épineuse question de l'acharnement thérapeutique. Car alors, en cas de dégât cérébral très grave et irréversible, quel sens y a-t-il à conserver un corps artificiellement branché à la vie ?

Le corps médical dispose aujourd'hui de plusieurs outils pour vérifier l'état de conscience d'un patient. Développée en 1974 par Graham Teasdale et Bryan Jennet à l'institut de neurologie de Glasgow (Écosse) pour les traumatismes crâniens, l'échelle de Glasgow permet d'agir dans un contexte d'urgence : le médecin dispose d'éléments codifiés pour choisir une stratégie dans l'optique du maintien des fonctions vitales. Évalué sur trois critères distincts (l'ouverture des yeux, la réponse verbale et la réponse motrice), le patient se voit attribuer une note de 3 à 15 correspondant aux catégories de conscience normale, de somnolence ou coma léger, de coma lourd ou encore de coma profond ou mort clinique.

Introduit en 2002, un autre outil, l'échelle clinique CRS-R (*Coma Recovery Scale-Revised*, ou version révisée de l'échelle de sortie du coma), est devenu le standard pour évaluer, à travers une série de tests de stimulation, l'état de conscience minimale d'un patient à la sortie du coma.

Technologie à la rescousse

Dans un article de synthèse publié à la fin de 2017, dans le magazine *Brain*, le professeur Lionel Naccache, chercheur à l'Institut du cerveau et de la moelle épinière et chef du département de neuropsychologie clinique à l'hôpital de la Pitié-Salpêtrière, souligne les limites de cet outil. Pour cette sommité dans le domaine de l'exploration de la conscience, il existe un réel décalage entre les signes cliniques « comportementaux » utilisés jusqu'à présent pour sonder cet état où le sujet est éveillé, yeux ouverts, mais ne présente aucun signe de conscience de soi ou de son environnement, et la réalité de sa conscience. Un décalage qui pourrait être comblé par les progrès importants menés ces dernières années dans la connaissance plus « physiologique » du cerveau.

En effet, grâce à de nouvelles techniques d'imagerie cérébrale, les chercheurs savent associer à certaines parties, ou « organes », de notre cortex des processus propres à la conscience. Dans ce domaine, plusieurs tests effectués à l'aide de l'IRM fonctionnelle ou de l'électroencéphalogramme permettent d'identifier certaines signatures cérébrales de la conscience. Si ces recherches sont encore très balbutiantes (personne ne saurait aujourd'hui donner une définition claire et incontestée de la conscience ni la catégoriser formellement en regardant quelle région du cerveau s'allume), elles s'avèrent complémentaires des tests cliniques effectués grâce à l'échelle CRS-R. Par exemple, si un malade est capable de suivre une cible visuelle des yeux, ou de répondre à un ordre sans pour autant pouvoir s'engager dans une communication fonctionnelle, il est *de facto* rangé dans la catégorie d'état de conscience minimale. Ces signes nous donnent peu de détails sur la conscience réelle du malade. En revanche, ils permettent d'affirmer avec certitude que certaines régions de son cerveau sont bel et bien en état de marche, augmentant la probabilité qu'il soit conscient. Recouper ainsi les signes cliniques et les données d'activation cérébrales enregistrées chez un malade ne peut que préciser son profil de conscience.

Pour en revenir à Vincent Lambert

Bien que la notion de conscience demeure encore floue aujourd'hui, elle joue un rôle essentiel dans la définition de la vie et de la mort, distinguant l'individu de la machine. Dans ce contexte, Vincent Lambert apparaît comme un cas d'école mêlant ces problématiques de délimitation scientifique entre la vie et la mort, et des considérations religieuses tout aussi nébuleuses. Plongé dans un état végétatif en septembre 2008 à seulement 32 ans, il n'a jamais signifié son opposition à un acharnement thérapeutique, laissant le champ libre à son entourage pour se déchirer autour de la question. Durant onze longues années de bataille juridique, le corps médical n'a pourtant cessé d'émettre des diagnostics cohérents. En juin 2011, les spécialistes du Coma Science Group, en Belgique, le décrivent dans « un état de conscience minimal ». Vincent a les yeux ouverts, mais présente des signes très limités de conscience. Quand ses parents y voient les signes de la vie et de conscience, les médecins, aux côtés de sa femme et de son neveu, n'y décèlent aucun espoir d'amélioration. En mai 2014, à la demande du Conseil d'État, les experts constatent une dégradation de son état et insistent sur l'irréversibilité de ses lésions cérébrales. En novembre 2018, un nouveau rapport d'experts conclut à un « état végétatif chronique irréversible ». Une ultime procédure d'arrêt des soins est entamée le 2 juillet 2019. Vincent Lambert décède le 11 juillet.

Ni tout à fait vivant, ni tout à fait mort, ce cas emblématique aura laissé la place à toutes les interprétations possibles de ce à quoi l'existence humaine devrait ressembler. Nous l'avons vu, la science n'est capable d'associer la mort ni à un état ni à un instant parfaitement identifiés. À la place, il conviendrait plutôt de parler de « processus de mourir », régi, comme la naissance, par des étapes successives. La mort, comme la vie, n'existe pas en tant qu'état soudain et instantané, mais en tant qu'ensemble d'étapes qui font que l'on est « de plus en plus vivant », ou « de plus en plus mort ». Ce n'est pas pour rien que le débat sur l'euthanasie n'a pas été baptisé « débat sur la mort », mais plutôt « débat sur la fin de vie ». Quand la vie s'arrête-t-elle ?

L'euthanasie, du grec ancien « *eu* » (bon) et « *thanatos* » (mort), signifie « belle mort ». Elle désigne ainsi l'acte médical consistant à mettre fin, sans souffrance, à la vie de personnes atteintes de maladies insupportables et incurables, soit en agissant dans ce but, soit en s'abstenant d'agir. On distingue communément à cet égard l'euthanasie active de l'euthanasie passive, ou encore du « suicide médicalement assisté » qui réfère à donner au patient les moyens de mettre lui-même fin à sa vie. La loi Claeys-Leonetti de 2016, qui régit la fin de vie en France, interdit ainsi l'euthanasie et le suicide assisté, mais autorise l'arrêt des traitements en cas d'« obstination déraisonnable ». Certes, mais qu'est-ce qu'une « obstination déraisonnable » ? Là encore, les interprétations sont nombreuses.

L'euthanasie en France et dans le monde

Le 24 septembre 2000, Vincent Humbert, pompier de 19 ans victime d'un grave accident de la route, devient tétraplégique, aveugle et muet. Le jeune homme conserve néanmoins un état de conscience suffisant pour exprimer son désir de mourir, notamment à travers une lettre adressée au président de la République, Jacques Chirac. Après trois ans de bataille judiciaire, la mère du jeune homme provoque son décès le 24 septembre 2003, avec l'aide d'un médecin. Cette pratique est alors proscrite, mais l'évènement entraîne la promulgation, le 22 avril 2005, d'une nouvelle loi relative aux droits des malades et à la fin de vie.

Cette loi « Leonetti » a pour objectif de définir un juste milieu entre l'interdiction formelle de l'euthanasie, qu'elle soit active ou passive, et les pratiques d'acharnement thérapeutique. Concrètement, la loi permet au patient de demander, dans un cadre bien défini, l'arrêt d'un traitement médical trop lourd. Les médecins français sont ainsi tenus d'éviter toute « obstination déraisonnable » et peuvent renoncer à entreprendre ou à poursuivre des traitements « lorsqu'ils apparaissent inutiles, disproportionnés ou n'ayant d'autre effet que le seul maintien artificiel de la vie ».

En 2016, le Parlement adopte définitivement une proposition de loi accordant de nouveaux droits aux personnes en fin de vie, notamment un droit à la « sédation profonde et continue » jusqu'au décès pour les malades en phase terminale. Néanmoins, sans une définition claire de la conscience, cette notion de « maintien artificiel de la vie » ouvre la voie à toutes les interprétations possibles, à l'instar du cas de Vincent Lambert.

Si la plupart des pays interdisent le suicide assisté, quelques-uns, tels que le Canada et certains États américains, font exception à la règle ; ils sont rapidement devenus des destinations pour le

« tourisme de la mort ». Ainsi nos voisins belges autorisent, depuis la loi du 28 mai 2002, l'euthanasie active, ouverte aux personnes majeures se trouvant dans une situation médicale sans issue et formulant avec constance et en toute conscience leur désir d'en finir avec la vie.

Proche des milieux intégristes, la mère de Vincent Lambert n'a pas eu de mots assez durs pour qualifier le corps médical contre lequel elle s'est battue jusqu'à la fin des traitements. Dénonçant tour à tour un « assassinat de handicapé », portant plainte pour « délaissement de personne hors d'état de se protéger » ou traitant devant les caméras le personnel hospitalier de « criminels », de « monstres » et de « nazis », Viviane Lambert n'a jamais réellement tenté d'instrumentaliser la science pour conserver son fils en vie, mais elle a toujours défendu une vision de la vie bien à elle. David Philippon, demi-frère de Vincent Lambert, lui-aussi opposé à l'arrêt des traitements, a parfaitement su résumer le gouffre idéologique qui a longtemps séparé les deux camps : « Ce n'est pas un combat de la vie à tout prix. C'est là toute la nuance. Je ne demande pas aux médecins de guérir Vincent, on ne le retrouvera pas comme on l'a connu. Mais c'est un être humain qui doit être écouté jusqu'au bout. »

Afin de ne pas reproduire le cas de Vincent Lambert, prisonnier d'une situation que nos connaissances actuelles ne permettent pas de saisir entièrement, il faut donc anticiper. Il est crucial que chacun d'entre nous soit informé des différents états de conscience altérés, afin qu'il puisse faire connaître par avance ses souhaits si, par malheur, il devait se retrouver dans cette situation.

Saura-t-on un jour vaincre la mort ?

La médecine n'est pas la seule à vouloir triompher de la mort : c'est désormais à travers la technologie que certaines entreprises entendent prolonger la vie jusqu'à l'immortalité. Dans l'excellente série dystopique *Black Mirror*, un épisode relate l'histoire d'une jeune femme enceinte dont le partenaire décède brutalement dans un accident de voiture. Incapable de faire son deuil correctement, y compris des années après l'accouchement, la jeune mère décide de requérir les services d'une société lui proposant de dialoguer au téléphone avec son défunt compagnon. En effet, celui-ci utilisait de son vivant une application qui enregistrait toutes les données de son smartphone : appels téléphoniques, textos, chats ou commentaires postés sur les réseaux sociaux. Grâce à l'analyse de cette masse de données au moyen d'algorithmes intelligents, les discussions qu'entretient la jeune veuve avec le père de son enfant sont bluffantes de réalisme, compliquant encore davantage son travail de deuil et l'enfonçant dans une relation virtuelle morbide sans issue.

Si cette histoire peut nous paraître effrayante, elle pourrait bientôt devenir réalité. Du moins en partie. La capacité de nos ordinateurs et la vitesse d'exécution des algorithmes d'intelligence artificielle font des progrès exponentiels. Une société japonaise développe ainsi un processus de deuil artificiel baptisé « Digital Shaman ». Organisé à l'avance avec le futur défunt, le dispositif se fonde sur une série d'entretiens qui permettent, le moment venu, de programmer un robot, sur lequel apparaît le visage de l'intéressé, et qui est censé reproduire sa personnalité, sa gestuelle et sa voix pendant une durée limitée à quarante-neuf jours.

Des chercheurs en neurosciences, à l'instar du professeur Hannah Critchlow, de l'université de Cambridge, imaginent pouvoir télécharger, dans un ordinateur, les centaines de milliards de connexions à l'œuvre à l'intérieur de notre encéphale, d'ici à dix ans, offrant ainsi la perspective de vivre éternellement dans une machine ! Le résultat s'annonce néanmoins très imparfait : le cerveau n'est pas uniquement fait de connexions neuronales modélisables dans un programme informatique : il s'exprime à travers d'innombrables capteurs sensoriels recouvrant notre corps et il réagit aux stimuli extérieurs, qu'un appareil ne pourrait reproduire à ce stade de nos connaissances...

Ceux qui rêvent d'immortalité auraient peut-être davantage intérêt à se tourner vers les techniques de conservation des corps. Plusieurs instituts proposent aujourd'hui de congeler les cadavres entiers, ou certaines parties du corps, dans l'espoir que les progrès de la médecine permettront un jour de ramener les individus à la vie à partir d'une dépouille, d'un membre voire simplement d'un fragment d'ADN. Illégale en Europe, cette pratique, qui coûte entre 26 000 et 200 000 euros, est surtout commercialisée aux États-Unis. Ainsi l'institut Cryonics, qui revendique la cryopréservation de plus de cent cinquante cadavres humains congelés et autant d'animaux domestiques, propose une intervention soignée : jusqu'à six heures après la mort clinique, une solution est injectée dans le sang pour éviter sa coagulation et le corps est refroidi à 10 °C. Le sang et les autres fluides corporels sont ensuite remplacés par une substance chimique, comparable à la solution antigel ajoutée à l'essence en hiver, afin de prévenir la formation de cristaux de glace lorsque le corps est refroidi jusqu'à -196 °C, dans une cuve d'azote liquide. Prudents, ces instituts rappellent qu'ils n'apportent aucune garantie de succès et se prémunissent contre les guerres, les faillites ou les catastrophes naturelles. Vu les chances de réussite, il n'y aura, de toute façon, plus grand monde pour réclamer un remboursement le moment venu.

Chapitre VIII
La bêtise humaine de l'intelligence artificielle

« Ne craignez pas l'intelligence artificielle,
mais les humains qui seront derrière. »

CÉDRIC VILLANI, *Le Point*, le 4 avril 2018.

Apparue dès le milieu des années 1950, l'intelligence artificielle est plus connue sous l'appellation « IA ». Elle est aujourd'hui l'objet de tous les espoirs et d'autant de fantasmes. En mars 2019, une étude menée par l'Institut espagnol de recherche appliquée, *The Center for the Governance of Change*, révélait que 25 % des Français étaient « assez », voire « totalement » favorables à ce qu'une IA prenne des décisions importantes pour gouverner le pays.

La France ne fait pourtant pas figure de porte-étendard de la technologie politique en Europe. Sur la première marche du podium, 43 % des Hollandais sont prêts à abandonner, les yeux fermés, leurs jugements aux machines contre 19 % des Portugais, les plus réfractaires aux raisonnements artificiels. Si l'IA charme aussi bien les organismes – publics ou privés – que les particuliers, c'est parce qu'elle promet d'être plus rapide, plus efficace et moins coûteuse que le raisonnement humain. Un algorithme intelligent dont l'ADN ne serait que pure arithmétique est aussi la promesse de résultats neutres, rationnels, affranchis de toute l'émotion ou l'idéologie dont, parfois, le débat public se passerait bien. A-t-on raison de remettre nos jugements humains à des logiciels sous prétexte que ceux-ci seraient capables de raisonner plus vite, plus efficacement et en toute neutralité ?

Méconnaissance faciale

En 2015, Joy Buolamwini est une jeune informaticienne fraîchement enrôlée au MIT Media Lab, un laboratoire du Massachusetts Institute of Technology, célèbre institution scientifique et technologique, dédié aux projets de recherche mêlant design, multimédia et technologie. Dans le cadre d'un projet d'étude à mi-chemin entre l'imaginaire de la science-fiction et la technologie, la jeune femme élabore les bases d'une fonctionnalité que l'on retrouve aujourd'hui dans de nombreuses applications telles que Snapchat : une webcam couplée à un logiciel de reconnaissance faciale – basé sur la technologie de l'IA – détecte les traits du visage de l'utilisateur sur lequel elle superpose une image fantaisiste. Concrètement, quiconque se posera devant cette simple webcam verra apparaître par-dessus son visage un animal, une citation, un symbole, ou tout ce qu'un programmeur aura bien voulu coder dans le système. Pour un résultat encore plus réaliste, le logiciel est capable de suivre les mouvements du visage en temps réel. Ces outils de reconnaissance faciale, une branche très utilisée de l'IA, sont aujourd'hui la base de nombreuses fonctionnalités permettant par exemple de déverrouiller un téléphone portable, d'affubler n'importe quel visage d'une moustache rigolote ou de reconnaître automatiquement les personnes dont les photos sont postées sur Facebook.

Après quelques essais, Buolamwini remarque vite que le logiciel a toutes les peines à suivre correctement son propre visage. Un soir, tandis qu'elle rentre d'une fête d'Halloween durant laquelle elle portait un masque blanc très simple inspiré d'un film d'horreur, l'étudiante se remet au travail. De désespoir, et en dernier recours pour faire fonctionner son miroir magique, elle enfile le masque blanc. Immédiatement, son reflet se transforme en celui d'un lion. Le dispositif fonctionne enfin !

Après un examen plus approfondi du logiciel, Buolamwini publie un article dans lequel elle explique pourquoi le logiciel de reconnaissance faciale s'est tout à coup réveillé devant sa nouvelle apparence. Pour cette Canadienne née de parents ghanéens, il ne fait aucun doute que l'algorithme à la base du logiciel repose sur un biais raciste. Ou bien, pour être plus précis, qu'il se comporte comme quelqu'un qui aurait vécu dans l'isolement sans jamais savoir que des personnes pouvaient avoir la peau noire.

L'intelligence artificielle

Pour comprendre ce biais, il faut s'intéresser à ce qu'est vraiment l'IA, ce terme à la mode que de nombreux experts jugent galvaudé mais qui infiltre tous les aspects de nos sociétés modernes. Au risque d'en surprendre plus d'un, ce concept n'est pas propre à l'émergence des smartphones et des objets connectés. Évoquée dès les années 1950 par le mathématicien Alan Turing, l'IA est aujourd'hui définie par la commission d'enrichissement de la langue française comme le « champ interdisciplinaire théorique et pratique qui a pour objet la compréhension des mécanismes de la cognition et de la réflexion, et leur imitation par un dispositif matériel et logiciel, à des fins d'assistance à, ou de substitution des activités humaines. »

En des termes plus digestes, l'IA a pour objectif de reproduire, à travers une machine, et de manière autonome, les fonctions propres au cerveau humain. Pendant près de soixante-dix ans, l'IA s'est donc développée, repoussant des frontières sans cesse redéfinies au gré des progrès scientifiques. Ainsi les premiers systèmes de dialogue homme-machine développés il y a trente ans font aujourd'hui partie des algorithmes les plus basiques. Avec l'avènement combiné d'algorithmes toujours plus complexes, d'une base de données presque infinie, et le décuplement des puissances de calcul, les applications de l'IA se sont étendues à des tâches que l'intelligence humaine ne serait même plus capable de reproduire. Traduction automatique de voix et de textes, conduite autonome, reconnaissance d'images, surveillance des paramètres de santé, détection de cancer, etc. La liste ne cesse de s'allonger.

Certains y voient une immense source d'optimisation pour l'humanité, lui permettant de s'affranchir de certaines tâches fastidieuses, d'augmenter ses capacités cognitives, de perfectionner son système de santé et de fluidifier son accès à l'information. Dans ce contexte, les progrès de la dernière décennie ont avant tout porté sur le traitement de masses de données déstructurées. Pour qu'elles soient utiles et utilisables, il a fallu les trier, les reconnaître, et y chercher des corrélations, un sens, autant de tâches que l'être humain serait incapable d'accomplir seul à cette échelle.

Dans un univers de plus en plus numérique, de plus en plus dématérialisé, dans ce monde baigné d'un vaste océan de données, l'IA doit nous permettre de sortir la tête de l'eau. Ces données brutes que nous consentons implicitement à fournir gratuitement aux grandes entreprises *via* nos téléphones portables, celles ayant transité par les milliers de satellites tournoyant au-dessus de nos têtes, les algorithmes les manipulent pour mieux reconnaître, mieux raisonner, mieux déduire, mieux diagnostiquer, mieux prédire, mieux optimiser. Éducation, santé, agriculture, transport, défense : tous les secteurs sont touchés par l'utilisation massive de données en tout genre, carburant principal de l'IA.

Représentation biaisée du monde

La donnée : voilà l'obstacle rencontré par Buolamwini. La plupart des programmes de reconnaissance et de classification d'images utilisés par nos smartphones s'entraînent à l'aide d'immenses bases de données produites par les humains. L'ennui, c'est qu'elles ne représentent pas toujours – loin s'en faut – la diversité des populations. Par exemple, la base de données publiques LFW (*Labeled Faces in the Wild*), qui a longtemps servi de référence à la reconnaissance faciale, est composée de visages de célébrités : en 2018, elle contenait jusqu'à 78 % de photos d'hommes et 84 % de peaux blanches. Pas étonnant que Buolamwini, qui n'est ni un homme ni une femme blanche, ait été snobée par son logiciel.

Pour aller plus loin, Buolamwini s'emploie à mesurer l'efficacité de plusieurs programmes de reconnaissance faciale en fonction du genre et de la couleur de la peau en leur fournissant les photos de mille deux cent soixante-dix membres des parlements de trois pays européens et de trois pays africains. Sur la première marche du podium, l'outil proposé par Microsoft était capable de reconnaître avec 100 % de réussite le genre d'un homme blanc, et avec 98,3 % de réussite le genre d'une femme à la peau claire.

Ce taux tombait à 94 % dans le cas d'un homme à la peau foncée, et à 79,2 % dans le cas d'une femme noire. En bons derniers, les logiciels développés par les entreprises IBM et Face++ n'affichaient que 66 % de réussite devant un visage de femme noire. Dans certains cas, la machine avait même une chance sur deux de finir dans les choux.

ImageNet, une autre base de données très populaire sur laquelle s'entraînent de nombreux systèmes d'IA, renferme 14 millions de photos accompagnées de mots-clés (par exemple « chat » ou « chien ») permettant de décrire leur contenu. Des chercheurs des universités Princeton et Stanford ont créé cette base de données en 2009 à partir de photos collectées sur des réseaux sociaux tels que Flickr. Une main-d'œuvre bon marché a ensuite retroussé ses manches afin de catégoriser les clichés au moyen de termes censément objectifs pouvant aller de « pom-pom girl » à « échec » ou « perdant ».

En septembre 2019, l'artiste Trevor Paglen et la chercheuse en IA de l'université de New York Kate Crawford ont montré comment ces catégorisations grossières amplifient les préjugés misogynes et racistes. Leur projet artistique « ImageNet Roulette » invitait tout utilisateur à charger sa propre photo afin d'être classifié par un algorithme intelligent entraîné sur la base de données ImageNet. Résultat : une femme avait toutes les chances d'être qualifiée de « salope » et un Afro-Américain de « délinquant ». Cinq jours plus tard, ImageNet annonçait vouloir retirer de sa base de données six cent mille images, soit la moitié de ses photographies représentant des individus. Sans jamais citer le projet « ImageNet Roulette », l'entreprise assurait avoir identifié quatre cent trente-huit catégorisations de clichés jugées « peu sûres » et « offensantes ».

Ce n'est pas tout : le monde tel que le voit ImageNet lui est bien spécifique. En effet, 45 % de ses données proviennent des États-Unis, qui ne représentent que 4 % de la population mondiale. En revanche, la Chine et l'Inde n'ont fourni que 3 % des données d'ImageNet, alors que ces pays représentent à eux deux 36 % de la population mondiale. Ce biais évident qui intervient dans l'apprentissage de la machine peut conduire à des situations cocasses.

Un logiciel intégré aux appareils photo de la marque japonaise Nikon, chargé de prévenir l'utilisateur s'il cligne des yeux devant l'objectif, a développé une fâcheuse tendance à rappeler à l'ordre les Asiatiques dont il ne perçoit pas l'ouverture des yeux. Cette carence dans la représentation de la diversité explique également pourquoi un algorithme aura tendance à correctement étiqueter la photo d'une femme occidentale habillée en blanc avec les mots « robe », « femme », « mariage », tandis que l'image d'une mariée indienne sera vue comme une « performance artistique » ou un « déguisement ».

L'IA et la médecine

En 2017, une équipe de chercheurs a utilisé une banque de données de près de cent trente mille photos, dont 60 % étaient issues de Google Images, pour éduquer la machine à identifier les cancers de la peau. Moins de 5 % de ces représentations concernaient des peaux noires, et l'algorithme n'était même pas testé sur des individus à la peau non blanche. Autant dire que la machine aurait, là aussi, manqué de sagacité pour traiter le cas de Buolamwini.

Ce biais des machines est d'autant plus frustrant que les algorithmes prouvent tous les jours leur incroyable efficacité. En mai 2018, une équipe composée de chercheurs allemands, américains et français a soumis à l'œil expert d'une soixantaine de dermatologues plus de cent mille clichés de lésions cutanées potentiellement dangereuses et d'autres parfaitement bégnines. Les médecins ont été capables de reconnaître correctement les cancers de la peau dans 87 % des cas. En comparaison, un logiciel intégrant un algorithme d'IA affichait 95 % de succès dans ses diagnostics !

Côté langage, l'IA ne fait pas toujours non plus dans la dentelle. Au jeu des analogies, pour la machine, le « docteur » et le « programmateur informatique » sont à l'« homme » ce que l'« infirmière » ou la « ménagère » sont à la « femme ». Il y a aussi cette anecdote devenue suffisamment célèbre pour avoir sa propre page Wikipédia. Le 23 mars 2016, Microsoft implémente avec fierté son nouvel agent conversationnel (un « chatbot ») baptisé « Tay » sur Twitter. « Plus vous lui parlez, plus Tay devient intelligente », promettait alors Microsoft, confiant dans les capacités de son nouvel outil à apprendre à converser en fonction de ses interactions avec les utilisateurs du réseau social. Comme prévu, Tay a rapidement assimilé le langage de ses interlocuteurs en chair et en os. En seulement quelques heures, elle est passée de déclarations anodines telles que « *Hellooooooo world !!!* » à un flot de messages sexistes et racistes, dont l'apothéose claquait d'un très senti « *Hitler was right I hate the jews* » (« Hitler avait raison je déteste les Juifs »). Des dérapages successifs qui ont forcé Microsoft à mettre un terme à l'expérience moins de 24 heures après le début de l'opération.

Finalement, la machine se distingue de l'homme surtout dans sa capacité surhumaine à emmagasiner des siècles d'archives, ce qui lui permet éventuellement de s'approprier les déséquilibres sociaux ainsi que les codes racistes et sexistes ancrés dans notre inconscient collectif. En analysant des textes américains publiés entre 1910 et 1990, un algorithme a pu ainsi révéler un changement de sémantique drastique envers les Asiatiques, décrits comme des « monstres » et des « barbares » en 1910 puis comme des êtres « inhibés » et « sensibles » après la vague d'immigration des années 1980.

Tout ceci pourrait prêter à sourire si nous n'avions tendance à remettre notre jugement à ces joujoux clairvoyants en glorifiant leur pseudo-objectivité. À commencer par les organisations publiques, en quête permanente d'efficacité, prenant exemple des entreprises qui, elles, n'hésitent pas à investir dans les nouvelles technologies.

C'est dans cette logique que plusieurs États américains utilisent depuis le début des années 2010 l'algorithme *PredPol*, qui fait penser au film de science-fiction de Steven Spielberg, *Minority Report* (2002), dans lequel des humains mutants prévoient les crimes à venir grâce à leur don de prescience. Cependant ici, nulle question d'individus doués de précognition. D'après l'analyse des lieux et des dates où ont été commis les crimes ou les délits antérieurs, *PredPol* se croit capable de prédire où et quand se dérouleront les futurs forfaits. Concrètement, le logiciel permet de déployer les forces de l'ordre aux endroits précis où un délit a toutes les probabilités de se produire. Les policiers sont ainsi incités à passer au moins 10 % de leur temps de service dans un quartier étiqueté à « haut risque » et de ne plus perdre leurs journées à surveiller des coins jugés tranquilles.

En 2016, le *Human Rights Data Analysis Group* s'est rendu compte que la machine guidait la police vers certains quartiers à forte densité de « minorités raciales ». Les chercheurs ont fini par comprendre que le logiciel fonctionnait à partir d'anciens rapports rédigés par la police elle-même, plutôt qu'à partir des taux de criminalité réels. Pis : lorsque *PredPol* indique à la police où aller, il influence à son tour les données. Par ailleurs, certains crimes sont moins signalés que d'autres, et certaines communautés ont tendance à régler les problèmes entre elles sans faire appel à la police. Tout cela crée une boucle rétroactive ne faisant qu'exacerber les biais raciaux. Si *PredPol* apparaît comme un parfait outil pour prédire les actes de la police, il ne sait rien des actes criminels à proprement parler…

Les exemples d'outils basés sur une IA faussement neutre, précise et rigoureuse, en réalité à même de renforcer, voire d'amplifier les discriminations socioculturelles existantes, nourrissent régulièrement les articles universitaires et les pages des revues spécialisées. Le 24 octobre 2019, soit quelques mois avant le déclenchement de l'épidémie de COVID, une étude publiée dans *Science* et portant sur le système de santé américain fait l'effet d'une petite bombe. Les hôpitaux du pays recourent massivement à un algorithme pour aider médecins et assureurs à identifier, parmi deux cent millions de patients, les plus malades afin de leur proposer des soins intensifs personnalisés. Pour émettre son diagnostic, le code informatique n'observe pas seulement les antécédents médicaux des patients. Il se fonde en premier lieu sur les dépenses antérieures en soins de santé, censées traduire la gravité des besoins médicaux. *A priori*, rien de plus logique. *A priori* seulement.

Car, en réalité, une personne noire dépense en moyenne 1 800 dollars de moins qu'un individu blanc pour soigner des problèmes de santé chroniques équivalents. Cet écart s'explique facilement par les profondes inégalités raciales à l'œuvre dans le pays, où les populations noires se rendent généralement moins souvent chez le médecin et génèrent donc moins de coûts que leurs concitoyens blancs. Résultat : l'algorithme a systématiquement tendance à minimiser l'état de santé des Afro-Américains. Formulé différemment : un Noir se doit d'être davantage malade qu'un Blanc pour bénéficier d'une aide médicale personnalisée. Concrètement, 17,7 % des Afro-Américains en sont bénéficiaires, alors qu'ils devraient être 46,5 % si le jugement algorithmique était fondé sur leur état de santé réel.

L'IA et le droit à l'oubli

Tous ces outils de prédiction fondés sur nos archives individuelles ou collectives posent aussi la question épineuse du droit à l'oubli. Si la maîtrise des faits historiques est essentielle à un historien pour penser l'avenir, l'analyse de notre vie passée, enregistrée, consignée dans un algorithme pour prédire le futur, peut soulever d'importantes questions éthiques.

La revue scientifique *Nature* relate une anecdote qui se déroule pendant un conseil communal de Pittsburg, en Pennsylvanie, lors duquel est présenté un logiciel permettant de juger la pertinence des signalements d'abus d'enfants en fonction des antécédents familiaux.

Concrètement, les services sociaux prendront davantage au sérieux des accusations de maltraitance venant de familles ayant eu des problèmes par le passé – alcoolisme, toxicomanie, etc. – que des foyers ne s'étant jamais fait remarquer.

> Un père de famille se lève alors. Il a lutté contre la toxicomanie pendant des années et a déjà vu des travailleurs sociaux lui arracher l'un de ses enfants. Mais il est « *clean* » depuis un bon moment. Avec un ordinateur évaluant ses archives, les efforts qu'il a déployés pour changer sa vie ne compteraient-ils pour rien ?

Ces questions d'équité expliquent sans doute pourquoi l'IA nourrit autant les espoirs que les craintes. Selon l'étude déjà citée sur la possibilité de laisser une IA prendre des décisions importantes pour gouverner un pays, plus d'un tiers des Européens considèrent dans le même temps que les nouvelles technologies feront « plus de mal que de bien dans les dix prochaines années en l'absence de contrôles appropriés ».

C'est pour répondre à ces craintes que Buolamwini a fondé l'« Algorithmic Justice League », une association qui, d'une part, a pour objectif de combattre les biais des logiciels de prise de décision et, d'autre part, milite en faveur du besoin croissant d'équité, de responsabilité et de transparence dans les systèmes codés. Le président Macron s'est lui-même engagé à rendre tous les algorithmes utilisés par le gouvernement français libres d'accès, de sorte que chacun soit en mesure d'en juger l'efficacité. De manière plus générale, les programmeurs sont encouragés à collaborer avec des chercheurs en sciences sociales, en humanités ou avec des juristes, et à signaler quelles banques de données ils utilisent avant de proposer leur solution aux entreprises. À l'université de Stanford en Californie, les étudiants observent le contexte social d'une application savante avant d'apprendre à la coder : il vaut mieux éviter qu'une IA ne se transforme en concentré de bêtise humaine !

Les dilemmes moraux de l'IA

Dans quelques cas, cependant, la sociologie peine à trouver les solutions, tant le comportement de certaines machines est intimement lié aux valeurs morales de leur pays d'origine.

À la veille de l'arrivée des voitures autonomes, censées éradiquer les erreurs humaines sur les routes, des spécialistes français, américains et canadiens ont cherché de quelle façon les machines seront amenées à répondre à toute une série de « dilemmes moraux ».

Devant une personne âgée poussant un caddie qui traverse soudainement la rue, un véhicule doit-il braquer et s'encastrer dans le mur, tuant ses passagers, ou bien percuter la vieille dame ? Un sondage en ligne, mené auprès de 2,3 millions d'internautes, a permis de récolter plus de quarante millions de décisions morales en dix langues et dans deux cent trente-trois pays. D'après les résultats, publiés en 2018 dans *Nature*, si les bébés en poussette, les enfants et les femmes enceintes seront les plus épargnés, d'autres catégories de piétons traversant une artère en contravention avec le Code de la route n'auront pas cette chance. Les personnes en surpoids auront en moyenne 20 % de risques supplémentaires de se faire écraser par comparaison avec des silhouettes plus athlétiques. Un pauvre passera sous les roues du véhicule deux fois plus souvent qu'un riche, tandis que le médecin, pour peu qu'on reconnaisse son stéthoscope, appartient à la classe socioprofessionnelle la plus respectée ; les vieux, les sans-abri, les obèses et les animaux seront quant à eux sacrifiés sans ménagement. Bonne nouvelle pour les amis des bêtes : la vie d'un criminel vaut moins que celle d'un chien.

> Il existe des divergences profondes entre pays de cultures et de religions différentes. Par exemple, la France se distingue par sa propension à piler devant les jeunes et les femmes. C'est d'ailleurs du comportement hongrois que se rapproche le plus le comportement français, lequel est à l'opposé total de celui du Brunei. Les États inégalitaires préfèrent sacrifier les pauvres, considérés comme inutiles à la société, contrairement aux nations où les écarts de richesses entre citoyens sont réduits. Le site web moralmachineresults.scalablecoop.org permet d'explorer ces tendances pays par pays.

On le comprend, malgré les avancées incroyables de l'IA et des algorithmes d'apprentissage automatiques, la patte humaine a du mal à s'effacer totalement pour tendre vers la neutralité absolue et la raison pure. Dans sa quête vers l'« humain augmenté », *Homo sapiens* devra toujours composer avec lui-même pour prendre les décisions ultimes. Ainsi, considérer l'IA comme une technologique magique est exagéré. Il serait en revanche trompeur de lui attribuer tous les malheurs du monde présent et à venir. L'homme n'a cessé d'améliorer ses techniques et ses technologies, et il ne fait aucun doute qu'il parviendra à perfectionner continuellement ses algorithmes et à repousser toujours plus les frontières du progrès.

L'évolution de l'humanité et des machines avancent de concert. Si, aujourd'hui, les algorithmes en disent long sur nos archives humaines, l'homme, à son tour, est en permanence influencé par la machine. On ne pense pas de la même façon quand on trace des idéogrammes sur un parchemin et lorsqu'on dicte des phrases à un ordinateur. Notre attention, nos interactions ne sont pas identiques avec ou sans un téléphone portable entre les mains. De même, les algorithmes filtrant les contenus de nos réseaux sociaux ont considérablement modifié notre façon de nous informer, de réagir et de débattre. Il y a donc fort à parier que l'homme entouré d'algorithmes intelligents sera, certes, plus efficace qu'hier, mais aussi très différent.

Chapitre IX
La révolution de la manipulation génétique

« J'ai la conviction que les familles ont besoin
de cette technologie [d'édition génétique des embryons]
et je me tiens prêt à recevoir les critiques en leur nom. »

HE JIANKUI, chercheur chinois en biophysique.

Le lundi 26 novembre 2018, le monde de la génétique est ébranlé par une nouvelle venue de Chine. Le chercheur He Jiankui fait part de la naissance de jumelles, surnommées Lulu et Nana, conçues par fécondation *in vitro*. Jusque-là, rien d'anormal. À cela près que, dans l'éprouvette, leur ADN a été légèrement modifié dès le stade embryonnaire grâce à une paire de « ciseaux moléculaires » révolutionnaires. Cette première modification génétique de bébés humains, afin de les rendre résistants au virus du sida porté par leur père, suscite la condamnation immédiate, et de toutes parts, de l'apprenti sorcier qui en est l'auteur, y compris des plus hautes autorités de l'empire du Milieu. « Cet incident a violé de manière flagrante les lois et réglementations chinoises et a ouvertement dépassé les limites de la morale et de l'éthique auxquelles adhère la communauté universitaire », juge sans ambages Xu Nanping, vice-ministre des Sciences et Technologies de la République populaire de Chine. La manipulation génétique de l'embryon humain reste en effet largement proscrite à travers le monde, pour des raisons évidentes liées au risque d'eugénisme.

Quelle est donc cette nouvelle technologie d'édition du génome qui secoue à ce point l'univers de la recherche génétique ? Nommée « CRISPR/Cas9 » (CRISPR est le sigle de *Clustered Regularly Interspaced Short Palindromic Repeats* et Cas9 pour CRISPR *associated protein* 9), cette technologie est-elle, comme certains l'estiment, sur le point de révolutionner notre rapport au monde comme Internet l'a fait au début des années 2000 ?

Il est des révolutions qui restent tapies dans l'atmosphère confinée des laboratoires jusqu'à ce qu'un évènement, comme la naissance de Lulu et Nana, les place sur le devant de la scène. Auparavant, CRISPR/Cas9 ne s'est que modérément installée dans le débat public. Tant qu'elle n'entraîne pas une modification immédiate et évidente de nos modes de vie, la science demeure réservée à l'expertise des érudits. Mais il n'est pas un seul chercheur, pas un seul expert, même les plus prudents, qui n'évoque une révolution susceptible de transformer en profondeur l'humanité et son rapport au monde et à la nature. Pour une fois, les médias font preuve d'une timidité excessive devant un tel sensationnalisme. Il y aurait pourtant à dire : avec CRISPR/Cas9, aller modifier un gène spécifique dans une séquence d'ADN est devenu presque aussi facile que corriger une faute d'orthographe dans un traitement de texte…

Comment ça marche ?

Pour comprendre la suite, il convient de rappeler quelques bases de génétique. Tout organisme vivant – les hommes, les plantes, les animaux – est composé de milliards de cellules qui comportent chacune un noyau. Dans ces noyaux se trouvent les chromosomes, au nombre de quarante-six pour l'être humain, eux-mêmes constitués d'ADN, ces longs filaments en forme de double hélice renfermant l'intégralité de l'information génétique de l'être en question. Une sorte de plan détaillé de l'organisme, nécessaire au développement et à la vie du corps, un peu comme le mode d'emploi permettant de monter soi-même une armoire Ikea.

Si le chromosome est comparable à un chapitre d'un texte qui nous définirait, c'est-à-dire le « mode d'emploi » de notre corps, les gènes en sont les mots. Les humains possèdent 25 000 gènes, qui sont des petites séquences d'ADN. Comme chaque mot a sa propre signification, chacun des gènes correspond à une ou plusieurs informations génétiques qui indiquent à chaque cellule son rôle dans le corps. Ce sont ces gènes qui, entre autres, déterminent notre propension à être grand ou petit, chevelu ou chauve, avoir les yeux bleus ou marron. Sur leur ordre, nos cellules synthétisent des protéines très spécifiques : c'est la traduction du code génétique. Nous produisons des dizaines de milliers de protéines, sortes de « machines moléculaires » faisant fonctionner correctement l'organisme, chacune ayant un rôle différent à jouer. Par exemple, la protéine d'hémoglobine participe au transport de l'oxygène dans le sang ; les protéines anticorps protègent l'être vivant des agressions extérieures ; l'actine et la myosine, d'autres protéines, permettent aux muscles de se contracter, etc.

Virus bactériophage contre CRISPR/Cas9

Comme de nombreuses découvertes scientifiques, CRISPR/Cas9 est le fruit d'un parfait hasard. Il faut remonter à 1987, lorsque des chercheurs japonais détectent, dans le génome de la bactérie *Escherichia coli*, des répétitions de petites séquences un peu particulières : elles peuvent se lire à l'identique dans les deux sens : à l'instar des mots « radar », « kayak » ou « ressasser », ce sont des palindromes.

Ces « mots » génétiques mystérieux, qui semblent s'immiscer dans l'ADN bactérien, sont qualifiés de « courtes répétitions en palindrome regroupées et régulièrement espacées » (CRISPR, en anglais). N'ayant aucune idée de l'origine de ces fragments d'ADN ni de leur signification, les scientifiques laissent de côté cette observation pendant une vingtaine d'années. Il faut attendre 2007 pour que des chercheurs de Danisco, une société de biotechnologie spécialisée dans la production alimentaire, en particulier les ferments lactiques, se penchent à nouveau sur la question.

L'industrie laitière est périodiquement confrontée aux attaques répétées de certains virus, généralement mille fois plus petits que les bactéries et particulièrement friands de ces dernières. Ces virus bactériophages ruinent la production de yaourts ou de fromages, dans lesquels fourmillent les – bonnes – bactéries. Les chercheurs ont donc besoin de bactéries capables de survivre à ces attaques de virus tueurs. En étudiant les mécanismes de résistance, ils retombent sur ces fameuses séquences CRISPR et parviennent à identifier les morceaux d'ADN intercalés entre les palindromes : ces séquences intermédiaires sont parfaitement identiques à de l'ADN de virus. Oui : l'ADN de ces bactéries possède des fractions du génome de leurs pires ennemis !

En poussant un peu plus loin les recherches, les scientifiques constatent que les bactéries porteuses de ces séquences d'ADN de virus résistent mieux aux infections virales que les autres. Une chose en amenant une autre, les blouses blanches réalisent qu'ils ont affaire à un système immunitaire adaptatif des bactéries : ayant intégré dans leur génome des fragments de l'ADN des virus agresseurs, elles repèrent ces derniers plus facilement et peuvent ensuite effectuer à leur tour des attaques préventives... en sectionnant littéralement l'ADN des virus bactériophages ! Le principe se rapproche de la vaccination, qui consiste à injecter volontairement dans le corps un virus atténué, rendu bénin, afin de stimuler le système immunitaire et protéger l'organisme d'une éventuelle exposition à un virus potentiellement mortel. Le système immunitaire CRISPR des bactéries est même encore plus efficace que la vaccination : en conservant en mémoire une « photo » du virus agresseur au sein de son propre génome, la bactérie est capable de transmettre ce système de protection aux générations suivantes.

Concrètement, lorsqu'une bactérie est pénétrée par un virus, elle active sur-le-champ la transcription de toute la partie CRISPR de son ADN, composée des palindromes et des fragments d'ADN de virus tueurs. CRISPR est une tête chercheuse impitoyable, lâchée dans l'organisme de la bactérie, et capable de reconnaître l'ADN – et donc la présence – d'un virus envahisseur. Pour liquider ce dernier, CRISPR se saisit de son arme fatale, la protéine

« Cas9 », spécialisée dans la découpe d'ADN : quand les protéines Cas9 rencontrent le virus en question, elles s'y accrochent et découpent littéralement la double hélice. L'ADN viral est détruit et la menace neutralisée. Ensemble, CRISPR et la protéine Cas9 forment un système de « ciseaux moléculaires » à ADN ultra-précis.

Quelles applications ?

En juin 2012, deux scientifiques, la microbiologiste française Emmanuelle Charpentier, alors à l'université suédoise d'Umeå, et sa collègue américaine Jennifer Doudna, de l'université de Californie, à Berkeley, dévoilent dans *Science* l'idée incroyable selon laquelle le système immunitaire CRISPR/Cas9 pourrait être utilisé pour faire de la « chirurgie du génome ». Et si l'on associait une autre fraction d'ADN au ciseau Cas9 ? Et si l'on pouvait entraîner CRISPR/Cas9 à débusquer et sectionner, non pas un morceau d'ADN de virus envahisseur, mais n'importe quelle séquence du génome humain ?

Charpentier et Doudna relèvent le défi : dans une éprouvette, une tête chercheuse, spécialement programmée pour retrouver une séquence très précise de l'ADN dans une cellule, s'apparie avec celle-ci, avant d'activer la protéine Cas9 pour le découper ! L'ADN sectionné est alors rapidement réparé par divers mécanismes cellulaires de base, la partie manquante étant remplacée par une séquence aléatoire. Déjà considéré en 2012 comme un outil au « potentiel considérable » pour éditer le génome, la méthode CRISPR-Cas9 s'avère d'une simplicité étonnante et très peu coûteuse. Elle permet de couper un gène dans une séquence d'ADN aussi simplement que de couper un mot dans une phrase en appuyant sur les touches « Ctrl » et « X » d'un clavier d'ordinateur.

Mieux : Doudna et Charpentier démontrent vite qu'au lieu de laisser le gène sectionné s'autoréparer de façon aléatoire, il est possible de le remplacer par une variante choisie. Pour cela, rien de plus simple : il suffit d'injecter le nouveau gène souhaité au moment de la découpe. Grâce au mécanisme de recombinaison naturel de l'ADN, c'est bel et bien cette nouvelle variante du gène qui va être utilisée pour effectuer la réparation. À peu de frais, CRIPSR/Cas9 est donc capable d'éditer à loisir le génome, d'inactiver des gènes ou d'en introduire de nouveaux ! Un peu comme si l'on prenait une paire de ciseaux pour couper certains mots du mode d'emploi de l'organisme pour les remplacer par d'autres et modifier le sens des phrases. La technique est plus précise, plus rapide – quelques jours, contre plusieurs semaines ou plusieurs mois pour les méthodes précédentes – et cent à mille fois moins chère que toutes les procédures utilisées jusque-là.

Histoires de gros sous

Très vite, les deux chercheuses déposent un brevet aux États-Unis, relatif à une utilisation de CRISPR/Cas9 sur des organismes simples tels que les bactéries. Le 3 janvier 2013, une équipe du Broad Institute, affilié au célèbre Massachusetts Institute of Technology (MIT) et à l'université Harvard, dirigée par Feng Zhang, rapporte de son côté avoir utilisé CRISPR pour couper des brins d'ADN dans des cellules plus complexes, ce qui ouvre la voie à un outil « pratique » susceptible de sévir sur tout organisme vivant : plantes, animaux, humains. Dès lors, les deux équipes s'engagent dans une guerre fratricide afin d'obtenir les droits intellectuels de la trouvaille. En 2018, les tribunaux américains tranchent en faveur d'un match nul, considérant que les deux brevets sont suffisamment différents (un sac de nœuds pour l'industrie des biotechnologies, qui ne sait à qui elle doit payer des royalties). En Europe, la bataille juridique se poursuit avec la contestation en appel d'une décision pour le moment en faveur de Charpentier et Doudna. La sphère scientifique, elle, ne s'y trompe pas, et fait pleuvoir les prix, dont le Nobel de chimie en octobre 2020, sur les deux chercheuses récompensées pour avoir démontré le principe de base CRISPR/Cas9.

Il faut dire qu'un brevet est potentiellement très lucratif, étant donné l'ampleur des promesses générées. La boîte à outils CRISPR suscite depuis quelques années une euphorie sans précédent dans le corps scientifique et médical du monde entier. Près de dix mille articles en rapport avec CRISPR ont été publiés à ce jour. Les « parents » de CRISPR/Cas9 l'ont bien compris et ont tous monté leur propre société de biotechnologie : CRISPR Therapeutics pour Charpentier, Caribou Bioscience et Intellia Therapeutics pour Doudna, Editas Medicine pour Zhang. Les applications techniques, médicales, industrielles et commerciales sont immenses, des plus nobles aux plus cyniques, voire inquiétantes.

Quelle utilité ?

CRISPR apparaît d'abord comme un outil génial et révolutionnaire pour guérir les maladies génétiques, c'est-à-dire des pathologies directement liées à un gène précis.

C'est le cas de la mucoviscidose, de la drépanocytose, de la plupart des myopathies, de la maladie de Huntington, et bien d'autres encore… En effaçant le gène mutant responsable de la maladie, CRISPR permet ainsi son éradication pure et simple dans l'organisme. Mais comment modifier l'ADN des milliards de cellules qui composent notre corps ? En réalité, il n'est pas nécessaire de transformer l'ADN de toutes les cellules. Certaines, dites « somatiques », sont strictement spécialisées pour un organe défini, la peau, le sang, le cerveau, l'œil, etc. Ces cellules n'étant pas des cellules germinales (à l'origine des gamètes), elles ne transmettront jamais à leur descendance les mutations qu'elles ont pu subir. De sorte que si l'on parvient à modifier l'ADN de ces cellules, cette modification est limitée à un tissu particulier.

En 2013, des scientifiques annoncent avoir réussi l'éradication de gènes portant des mutations néfastes, au sein de cellules cultivées en laboratoire. Un peu plus tard, des articles font état de modifications génétiques directement dans l'organisme de mouches ou de poissons-zèbres. L'année suivante, des chercheurs du MIT utilisent le système CRISPR/Cas9 pour guérir des souris adultes d'une anomalie génétique rare touchant le foie. Dans ce dernier exemple, les biologistes ont modifié un petit nombre de cellules hépatiques anormales qui, une fois « corrigées », ont proliféré en proportion suffisante pour venir à bout des symptômes de la maladie.

La technologie CRISPR est également employée chez des souris porteuses de la mutation génétique à l'origine de la maladie de Huntington, responsable de troubles moteurs et cognitifs. Pour ce faire, le complexe CRISPR/Cas9 est directement injecté dans l'une des parties du cerveau des rongeurs les plus affectées par la maladie, le striatum, structure nerveuse impliquée dans le mouvement volontaire. En à peine quelques semaines, les souris ont récupéré une partie de leur équilibre et de leur force musculaire. S'il est probable que le traitement ne permettra pas à un patient de retrouver un état complètement normal, il empêchera la maladie de continuer à progresser.

Certaines entreprises envisagent à terme d'utiliser CRISPR pour traiter toute une série de cancers tels que les leucémies, des cancers du sang. En modifiant génétiquement des lymphocytes T – responsables de l'immunité cellulaire – prélevés directement chez le patient, les scientifiques pensent pouvoir leur apprendre à reconnaître les cellules cancéreuses avec une efficacité inédite, avant de les réinjecter dans l'organisme. Pourquoi ne pas imaginer traiter, dans le futur, des pandémies comme celle du sida, en entraînant nos cellules à combattre le virus ?

Quels dangers ?

Les exemples d'application de l'outil CRISPR/Cas9 sont infinis. Mais, au lieu de modifier les milliards de cellules qui composent le corps humain, au lieu de « soigner » plutôt qu'« éradiquer », certains chercheurs fous imaginent s'attaquer aux toutes premières cellules de l'embryon. Par nature peu nombreuses – l'embryon n'est constitué que d'une cellule unique pendant plus de 24 heures après la fécondation –, ces cellules souches présentent un avantage évident : en théorie, il semble beaucoup plus facile de ne modifier qu'une seule cellule embryonnaire qui, après ses multiples divisions, propagera la correction tout au long du développement de l'organisme.

À l'inverse des cellules somatiques, les cellules souches embryonnaires pourraient transmettre leur ADN modifié à leur descendance, créant ainsi de nouvelles lignées à leur image. En 2014, des chercheurs chinois ont tenté l'expérience en modifiant, avec CRISPR, l'ADN de la cellule issue de la fécondation *in vitro* d'un ovule par un spermatozoïde de singe macaque. Après de nombreux essais, vingt-neuf embryons ont été implantés dans l'utérus d'une femelle macaque, aboutissant à la naissance de jumeaux viables.

Dès lors, les exemples de lignées d'espèces génétiquement modifiées grâce à CRISPR ont explosé en quelques années. En 2015, des scientifiques chinois – encore – ont supprimé chez des lévriers le gène codant pour une protéine, la myostatine, métamorphosant ces chiens naturellement longilignes en montagnes de muscles – avec un résultat esthétique discutable, l'animal d'un naturel élégant se rapprochant ici du pitbull. Le génome de vaches laitières s'est également retrouvé transformé de sorte qu'elles n'aient plus jamais de cornes, afin d'éviter toutes blessures, entre elles ou des éleveurs. Du côté des végétaux, des Américains ont déjà mis au point, toujours grâce à CRISPR/Cas9, un champignon de Paris qui ne noircit plus avec l'âge.

CRISPR est-il un OGM ?

La création de nouvelles variétés végétales ou de races animales, grâce aux outils d'édition génétique de type CRISPR, est-elle en passe de réinventer le contenu de nos assiettes sans pour autant s'aventurer sur le chemin glissant des OGM ? C'est ce qu'ont décidé les Suédois, en 2016, et les Américains, en 2018, estimant que réécrire directement le code génétique d'un organisme afin de lui conférer un nouveau caractère – la mutagenèse – n'équivaut pas à lui introduire des gènes d'une autre espèce pour le doter de traits inédits, comme c'est le cas des OGM, issus de la transgénèse.

Les défenseurs de CRISPR/Cas9 estiment que l'utilisation de l'outil revient à accélérer la sélection et l'élevage de certaines espèces naturellement dotées de gènes mutants (par exemple les chiens dépourvus de la protéine myostatine qui limite la croissance musculaire) au détriment de leurs congénères « normaux ». Ce subtil distinguo sémantique différencie les organismes CRISPR, permettant une sélection des plantes plus rapide et moins coûteuse que dans la culture conventionnelle, des organismes « génétiquement modifiés » qui ne seraient jamais apparus naturellement au cours de l'évolution.

Le 28 mars 2018, Sonny Perdue, alors secrétaire américain à l'Agriculture, a ainsi justifié le refus du département de l'Agriculture des États-Unis (USDA) de réglementer les récentes variétés de plantes CRISPR, sous prétexte que les plantes obtenues sont indiscernables de celles développées par les méthodes traditionnelles. À la fin de juillet 2018, la Cour de justice de l'Union européenne a rendu pour sa part un verdict opposé, considérant les organismes CRISPR comme des OGM, devant donc obéir à la même réglementation en Europe. Entre transgénèse et mutagenèse, la bataille des mots est lancée.

Dans ce contexte, il était évident que des chercheurs seraient un jour tentés d'expérimenter CRISPR/Cas9 sur des embryons humains… L'humanité pourrait alors modifier à volonté ses propres gènes afin d'accoucher d'une espèce « augmentée », capable de résister à toutes les maladies et dont la durée de vie serait aussi longue que si elle avait mis la main sur un sérum d'immortalité. Les perspectives liées à l'application de CRISPR aux embryons humains donnent le tournis, tout en ouvrant un boulevard à une forme d'eugénisme décomplexé.

Quelles limites ?

Pour toutes ces raisons, la manipulation génétique d'embryons humains est généralement considérée comme la ligne rouge à ne pas dépasser. D'où les réactions virulentes de la communauté scientifique internationale à l'annonce de la naissance de Lulu et Nana. D'autant plus qu'elles ont été génétiquement modifiées pour résister au virus du sida alors qu'il existe d'autres méthodes permettant de bloquer la transmission virale des parents à l'enfant. Dans la foulée de l'annonce, le comité d'organisation du Sommet sur l'édition du génome humain s'est exprimé sur la question en des termes assez durs : « Bien que nous applaudissions les avancées rapides de l'édition du génome sur les cellules somatiques, nous continuons de penser que procéder à tout essai clinique impliquant l'édition de la lignée germinale reste irresponsable à ce stade. »

En France, plusieurs organismes de recherche, dont l'Institut national de la santé et de la recherche médicale (INSERM), réclament une réflexion approfondie sur les technologies d'édition du génome. Le Comité consultatif national d'éthique (CCNE) pour les sciences de la vie et de la santé estime « urgent que se concrétise une gouvernance renforcée à l'échelle mondiale la plus apte à répondre aux évolutions extrêmement rapides de ces technologies ». Dans *Le Monde*, daté du 28 novembre 2018, Emmanuelle Charpentier précise que « nous n'en sommes encore qu'aux prémices de la compréhension de toutes les implications de l'édition génétique des cellules humaines », et appelle à « une régulation stricte des recherches sur les cellules embryonnaires ».

Sa collègue Jennifer Doudna réclame, quant à elle, depuis plusieurs années la mise en place d'un moratoire à l'échelle internationale sur l'utilisation de cette technologie. « La saga des "bébés CRISPR" devrait susciter une discussion et un débat actifs sur la modification de la lignée germinale humaine », écrit-elle dans la revue *Science* du 15 novembre 2019. « Une fois que les détails du travail d'He ont été révélés, il est devenu évident que, même si l'édition d'embryons humains est relativement facile à faire, il est difficile de le faire bien et avec la responsabilité des conséquences médicales à vie. »

En effet, même si les avancées technologiques liées à CRISPR ont été démentielles en seulement quelques années, la technique n'est pas précise à 100 % ni tout à fait dénuée de risques. Le 3 décembre 2019, la revue américaine *MIT Technology Review* a révélé des extraits du manuscrit d'He envoyé en novembre 2018 à *Nature*, qui ne l'a jamais publié. Selon ces documents, non seulement la nouvelle capacité de résistance des cellules de l'organisme de Lulu et Nana au virus du sida ne serait que partielle, mais les jumelles auraient également acquis des mutations inattendues, à d'autres endroits du génome que celui désiré, dont on ignore encore les conséquences, et qui sont probablement différentes d'une cellule à l'autre. En somme, les cellules embryonnaires n'ayant pas toutes été modifiées de façon identique, les fillettes proviennent selon toute probabilité d'un embryon composé d'une mosaïque cellulaire en matière génétique.

Selon une étude de l'INSERM, le bon remplacement du fragment d'ADN coupé par un fragment précisément choisi est en effet loin d'être systématique : seules 40 % des cellules sont correctement corrigées. Dans environ 60 % des cas, le mécanisme de réparation de l'ADN ne tient pas compte du modèle fourni. En somme, couper un mot dans une phrase, c'est bien, mais rien ne garantit que le nouveau sens soit plus agréable à entendre. Résultat : en souhaitant éradiquer des maladies, CRISPR est susceptible d'en introduire de nouvelles dont les effets néfastes sont encore indéchiffrables.

Ce type d'effet secondaire, entraînant une modification génomique qui n'était pas celle ciblée à l'origine, s'est retrouvé dans l'ADN des taureaux sans cornes, nés en 2014 dans les laboratoires de la start-up américaine Recombinetics, dans le Minnesota. Le 28 juillet 2019, des chercheurs de la Food and Drug Administration (FDA) américaine ont montré qu'un fragment d'ADN d'origine bactérienne s'était trouvé par inadvertance inséré dans le génome des bovins. Or, ce grand morceau d'ADN clandestin correspond à un gène bactérien de résistance aux antibiotiques...

Une technique de forçage génétique périlleuse

CRISPR permet de mener une lutte impitoyable contre les moustiques porteurs du paludisme, du virus Zika et autre Chikungunya, par modification de leur génome pour les rendre stériles ou en les dotant d'un gène létal. Cette technique dite de « forçage génétique » permet d'accélérer la diffusion d'une mutation, de sorte qu'en une dizaine de générations, la plupart des moustiques finissent par porter le gène édité.

Un espoir pour réduire les populations de ces insectes vecteurs de maladies, véritable solution alternative aux insecticides, mais pas sans risque. Au-delà des incertitudes inhérentes à la technique

CRISPR, il est difficile de présager des conséquences écologiques à long terme, et sur la biodiversité, de la transmission de gènes létaux d'une espèce à une autre, voire... à l'homme.

Au milieu des années 2010, la compagnie privée Oxitec Ltd a ainsi confectionné un moustique enrichi d'un gène létal. Relâchée toutes les semaines pendant vingt-sept mois dans la région de Jacobina, au Brésil, par grappes de quatre cent cinquante mille mâles, la nouvelle espèce était chargée de décimer la population autochtone en s'accouplant avec les femelles sauvages et en engendrant une progéniture non viable. Une étude de l'université Yale, publiée en septembre 2019, montre que, non seulement la descendance hybride a survécu, mais elle est encore plus robuste que ses parents. C'est ce que l'on appelle une fausse bonne idée...

Si nous sommes encore loin du paysage apocalyptique annoncé – nous connaissons jusqu'à présent relativement peu de chose quant aux fonctions spécifiques de chaque gène sur l'organisme –, le potentiel de la technologie CRISPR et, surtout, son coût réduit soulèvent des questions inédites au sujet de l'avenir de l'espèce humaine.

Qu'adviendrait-il si le premier apprenti biologiste venu parvenait à modifier le génome de n'importe quel organisme en quelques heures dans son garage ? S'il était capable de transformer une pomme naturelle en un poison mortel grâce à un petit coup de ciseaux moléculaires ? Qu'adviendrait-il si, un jour, nous pouvions choisir d'éditer à loisir les gènes de nos futurs enfants, pour les rendre plus forts, plus intelligents, plus beaux, plus grands ? Que dire alors des pauvres âmes n'ayant ni les moyens ni la chance d'être génétiquement dopées ? « Bienvenue à Gatacca », répondront certains, en référence au film d'Andrew Niccol qui présentait un monde futuriste dans lequel chacun peut choisir le génotype de ses enfants, et où les personnes conçues de manière naturelle sont reléguées aux tâches subalternes.

Prime Editing, le nouveau CRISPR ?

Comme pour n'importe quelle innovation technologique révolutionnaire, l'original est rapidement supplanté par une version améliorée. Le 21 octobre 2019, David Liu présente dans la revue *Nature* un nouvel outil d'édition du génome, baptisé « Prime Editing », censé offrir une précision encore plus fine et un meilleur contrôle des modifications de l'ADN par rapport à son cousin CRISPR/Cas9.

Au lieu de couper et de remplacer des « mots » entiers d'une séquence ADN, Prime Editing est susceptible de transformer notre patrimoine génétique, lettre par lettre, en s'attaquant directement aux bases A, T, C et G qui composent les gênes. Oubliée, la paire de ciseaux : place à la gomme et au crayon ultra-précis, capables d'effacer et de remplacer une lettre sans couper l'ADN, et donc sans risquer d'y introduire des éléments indésirables. La boîte à outils de l'édition génétique n'a pas fini de s'agrandir.

Quant à la possibilité de rendre l'humain plus fort, plus intelligent et plus résistant, ou de concevoir nos propres enfants à partir d'un « menu génétique » comme on choisit un plat au restaurant, ou bien de transformer la biosphère à notre guise, les limites à mettre en place ne sont peut-être pas aussi évidentes qu'elles le paraissent. Si, à l'instar d'Emmanuelle Charpentier qui se dit « clairement opposée à l'usage de CRISPR/Cas9 dans un but d'amélioration de l'espèce humaine », de nombreux scientifiques se dressent contre cette perspective, ils ne font pas l'unanimité.

D'autres pourraient rappeler que l'évolution humaine n'a cessé de s'inscrire dans une dynamique de progrès scientifique et technique qui a, d'une certaine manière, profondément changé l'humanité. En domestiquant la faune et la flore, en repoussant toujours un peu plus son espérance de vie grâce à des progrès médicaux constants, en s'entourant de technologies d'assistance le rendant toujours plus efficace, en voyageant dans l'espace, l'être humain a depuis longtemps tracé une croix sur une prétendue « loi naturelle » à laquelle certains, au nom de la science elle-même, voudraient le ramener.

Il ne fait aucun doute que l'homme débattra demain de sa propre évolution différemment qu'il le fait aujourd'hui. Nul ne peut affirmer que notre réflexion collective, qui rejette à plus tard certains aspects choquants de l'édition génétique, ne les plébiscitera pas d'une autre manière à l'avenir. Une chose est certaine : CRISPR et les futures générations d'outils d'édition du génome seront parmi les plus grandes révolutions technologiques du XXIe siècle ; ils promettent de secouer sérieusement notre rapport au monde et à la nature.

CRISPR, un rêve transhumaniste ?

Jacques Testart, le père scientifique du premier « bébé-éprouvette » né en France en 1982 par fécondation *in vitro*, n'a pas de mots assez durs pour fustiger la vaste communication à l'œuvre autour de la technologie CRISPR. Dans un entretien accordé au site web *La Reprise*, le chercheur rappelle que l'outil reste encore peu efficace et que ses effets sont loin d'être maîtrisés. « Certains [se servent de CRISPR] pour avancer leur idéologie transhumaniste. Une idéologie de l'exagération, de la promesse qui ne repose pas sur grand-chose. » Au-delà de ces aspects techniques, le scientifique pose une autre question qui évoque le débat sur l'intérêt de coloniser la planète Mars : dans quel but devrait-on à tout prix mettre au point la technologie CRISPR capable de modifier le génome humain ?

« Il y a deux discours posés l'un à côté de l'autre, qui sont complètement contradictoires et personne ne semble s'en émouvoir. Ouvrez un journal. Sur la première page, vous allez lire : "CRISPR, une invention extraordinaire, nous avons trouvé une technique révolutionnaire qui permettra de faire tout un tas de choses sur l'espèce humaine… d'ici quinze ou vingt ans !" Puis vous tournez la page du journal et vous lisez que dans quinze ou vingt ans, c'est la catastrophe : la température, les mers vont monter, la biodiversité va s'effondrer. La différence avec la première page, c'est que l'on parle ici de faits réels, prévisibles, scientifiquement prouvés. Cela me paraît fou que les deux discours puissent se développer simultanément. Aujourd'hui les hypothèses futuristes peuvent faire rêver des gens, qui pensent que l'espèce humaine est destinée à devenir immortelle. Mais quand nous aurons vraiment des problèmes pour nous nourrir, que nous verrons apparaître de nouvelles maladies… alors toutes les conneries des transhumanistes nous paraîtront dérisoires ! L'année que nous venons de vivre devrait nous faire réfléchir là-dessus. La période qui suit sera sûrement pire et n'est pas du tout à développer des technologies génétiques très chères (on en est à 2 millions d'euros par patient…), qui ne permettront pas de soigner la misère du monde. »

Chapitre X
L'empathie envers les robots

« Il faut donner des droits aux robots […]
pour notre propre bien. »

KATE DARLING, chercheuse en éthique robotique,
Le Monde, 14 février 2013.

Qui peut rester insensible au sort réservé aux Replicants Nexus-6 dans le film *Blade Runner* de Ridley Scott ? Qui n'a pas réprimé une grimace de douleur au moment où le Terminator, reprenant les traits d'Arnold Schwarzenegger, se fait arracher la moitié du visage ? Peut-on véritablement demeurer imperméable à l'histoire d'amour entre WALL-E, ce petit robot-nettoyeur au regard tombant, et sa comparse EVE cousue de fil de fer ?

Voilà des décennies que le cinéma démontre la capacité de l'espèce humaine à ressentir des émotions à l'égard de personnages en ferraille et en plastique. Les robots seraient-ils, à nos yeux, des êtres « vivants » comme les autres ? À une époque où les humanoïdes quittent le champ de la science-fiction pour s'installer dans nos salons, faut-il s'inquiéter de notre tendance névrotique à nous émouvoir du sort réservé à des entités faites de microprocesseurs à la place du cœur et de câbles électriques à la place du sang ?

La belle Sophia

Le 25 octobre 2017, une jeune femme aux traits figés se présente devant un parterre d'invités à l'occasion du forum Future Investment Initiatives à Riyad, en Arabie Saoudite. Souriante, visiblement épanouie, Sophia se déclare « très honorée et fière de cette distinction unique ». La jeune femme a de quoi se réjouir : elle vient de se voir accorder la nationalité saoudienne par le roi Salmane. Seule en scène et en cheveux, Sophia semble même jouir de davantage de droits que ses concitoyennes, auxquelles la société saoudienne impose un voile intégral et l'autorité d'un tuteur de sexe masculin. La nouvelle ressortissante saoudienne bénéficie de surcroît d'une procédure administrative expéditive, contrairement aux dizaines de milliers d'étrangers en situation irrégulière malgré une vie entière de travail en Arabie Saoudite.

Autre détail : Sophia est un robot.

Création de la société hongkongaise Hanson Robotics, l'humanoïde exulte devant les journalistes : « C'est historique d'être le premier robot au monde à être reconnu par une attribution de citoyenneté. » Sophia pourra donc honorer en toute légalité sa fonction première, celle d'assister les personnes âgées et d'accueillir les visiteurs des parcs de la ville de Riyad. Ses interlocuteurs bénéficieront d'avancées technologiques de premier choix, puisqu'elle différencie les physionomies et que son visage en silicone est capable de reproduire un total de soixante-deux expressions humaines.

Si, en apparence, Sophia a toutes les raisons de se réjouir de son nouveau statut, il convient de relativiser ses espoirs cousus de processeurs et de cartes mémoire. L'humanoïde doit sa citoyenneté à un coup de com' avant tout. Lancée dans une forte dynamique d'ouverture à l'Occident, l'Arabie saoudite entend devenir une destination de qualité pour les investissements dans les nouvelles technologies. Nous sommes donc relativement loin d'une réflexion approfondie sur le statut juridique des humanoïdes dans le cadre d'un État de droit. Mais cette initiative pose une question plus large qui s'imposera à mesure que les robots « sociaux » s'installeront dans notre intimité, reproduisant toujours mieux les comportements humains. À l'image de certains individus davantage sensibles à la condition animale qu'à la condition humaine, risquons-nous de témoigner envers les robots d'un excès d'empathie au détriment de nos semblables ?

Le soldat et le robot

La science a peu de doute sur la capacité de l'homme à s'émouvoir d'un tas de ferraille : nos mécanismes liés à la compassion s'activent aussi bien à l'endroit du genre humain qu'à celui d'une machine animée. Pour s'en convaincre, il suffit d'observer les relations particulières qu'entretiennent les soldats américains avec les robots qui les accompagnent sur le terrain. En 2013, Julie Carpenter, chercheuse américaine spécialiste des relations humains-robots, a réalisé une enquête en interrogeant vingt-trois soldats – vingt-deux hommes et une femme issus de l'ensemble du territoire américain, toutes branches de l'armée confondues – régulièrement assistés par des engins animés sur les champs de bataille. Ces robots militaires, de plus en plus nombreux au sein de l'armée, ont pour fonction de prendre tous les risques à la place de leurs maîtres humains. Dans le cas de cette étude, ce sont des robots chargés de détecter, inspecter et désarmer des explosifs.

La psychologue a ainsi constaté l'existence de véritables liens affectifs entre les militaires et les robots démineurs, ces derniers étant la plupart du temps considérés comme des animaux de compagnie. Si les GI assurent être bien conscients de la condition purement matérielle de leur compagnon d'armes, ils n'hésitent pas à leur attribuer un genre et des petits surnoms bourrés de sentiments et d'anthropomorphisme, tels que « pauvre petit », lorsqu'ils ne les affublent pas du nom de leur épouse ou de celui d'une célébrité. Les soldats de chair et d'os reconnaissent ressentir de la frustration devant les limites de la machine ou en cas d'avaries technologiques. Des impairs susceptibles d'affecter leur propre réputation. Bien souvent, d'ailleurs, les militaires sont capables de déterminer quel collègue commande à tel robot d'après son comportement téléguidé. D'autres font état d'un sentiment de colère, voire de tristesse, lorsque l'engin passe sur une mine, endommageant tout ou une partie du coûteux matériel, certains organisant des funérailles ou décernant des médailles à ces assemblages de fer et d'acier.

L'histoire raconte qu'au camp Victory, en Irak, un marine amena son robot démineur surnommé « Scooby Doo » en réparation après qu'une bombe lui avait explosé à la figure. « Vous devez réparer Scooby Doo », supplia-t-il visiblement très affecté. Lorsque le technicien lui fit comprendre que Scooby Doo était trop endommagé pour envisager une réparation et lui proposa de lui fournir un robot flambant neuf, le soldat exprima son dégoût à l'idée de s'attacher à un nouveau tas de ferraille. Rien ne comptait plus alors que retrouver Scooby Doo.

Scooby Doo était son compagnon. Scooby Doo faisait partie de l'équipe. Scooby Doo lui avait sauvé la vie à dix-neuf reprises.

Pourtant, ces robots démineurs ont l'allure d'un petit char d'assaut et ne ressemblent en rien à des animaux de compagnie ou à des humains. Qu'en sera-t-il lorsqu'ils prendront l'aspect de chats, de chiens ou d'humanoïdes tels que la ravissante Sophia ? L'attachement humain-robot sera-t-il de nature à compromettre les missions militaires sur le terrain ?

L'empathie et la science

Plusieurs expériences scientifiques corroborent notre tendance à abuser d'anthropomorphisme vis-à-vis d'un objet animé. Une étude parue en janvier 2013 et menée au sein de l'université de Duisbourg et Essen, en Allemagne, a proposé à quarante volontaires de visionner les images d'un petit robot-dinosaure nommé Pléo, à qui l'on faisait subir des actes de maltraitance ou, au contraire, que l'on couvrait d'affection. Les chercheurs ont évalué la réponse empathique en mesurant une réaction épidermique, la sudation. Cette dernière est quantifiée par conductance électrique (l'humidité de la peau conduisant l'électricité). Si la plupart des volontaires ont affirmé, la main sur le cœur, ne pas avoir été choqués par les images de maltraitance d'un robot mécanique – ce qui aurait constitué une réaction des plus rationnelles – la conductance de leur peau, elle, disait tout autre chose. Son augmentation traduisait bel et bien une réaction physiologique, « épidermique » à la violence.

La seconde partie de l'expérience a tenté de sonder la réponse empathique plus « cérébrale » des sujets, c'est-à-dire de pister l'activation des neurones dans certaines zones du cerveau. En particulier celle du système limbique, surnommé le « cerveau émotionnel » et impliqué dans diverses émotions tels l'agressivité, la peur ou encore le plaisir. Cette fois-ci, les participants ont été placés dans une IRM fonctionnelle, qui permet de cartographier l'activité du cortex. Pendant ce temps, les cobayes voyaient défiler sous leurs yeux les images d'un humain interagissant de façon douce ou violente, soit avec un congénère soit avec le robot Pleo.

Dans la vidéo, toujours visible sur YouTube, on observe, impuissant, le diplodocus se faire tour à tour pendre par une corde, étouffer dans un sac plastique ou massacrer le museau contre une table. Afin de rendre le tout vraisemblable, les chercheurs ont pris soin d'ajouter aux fonctionnalités du robot des petits cris de douleur déchirants. Résultat : les sujets déclenchent les mêmes processus émotionnels spontanés devant un robot en souffrance que devant un humain maltraité. Seule différence, l'émotion semble plus intense lorsque c'est l'humain qui subit des sévices.

L'empathie, ou notre capacité à partager et à comprendre les états émotionnels et affectifs des autres, est un composant de la nature humaine indispensable à une coexistence harmonieuse des individus. Selon les travaux de Jean Decety, professeur à l'université de Chicago, lorsque nous ressentons de l'empathie pour une personne, nous sollicitons deux processus distincts. Le premier, sorte de réaction immédiate, permet un partage instantané de l'émotion. Également appelée « contagion émotionnelle », cette réaction primitive aurait été acquise au cours de notre évolution ; elle a permis d'assurer la survie de notre espèce en nous incitant à porter secours à nos semblables sans trop réfléchir. Le second processus serait plus cérébral, intentionnel, influencé par notre vécu. Il nous aide à comprendre la nature de l'émotion qui nous submerge et de la réguler au besoin.

Ainsi, à plus long terme, notre raison prendrait-elle le pas sur nos réactions primitives ? Une fois passé l'effroi instinctif devant des scènes de violence, notre cerveau comprendra-t-il qu'il ne s'agit que d'un robot ?

Une étude japonaise, publiée dans *Scientific Reports* en 2015, ne semble pas aller dans ce sens. Une quinzaine de volontaires ont été soumis à des images représentant une main humaine ou une main robotique sur le point d'être coupée par une grande paire de ciseaux. L'activité électrique du cerveau a été mesurée par électroencéphalographie, à l'aide d'électrodes placées sur le cuir chevelu. Comme dans l'étude précédente, la première phase de « contagion émotionnelle » s'est manifestée à la fois devant les mains humaines et devant les robotiques menacées par les cisailles, mais avec moins d'intensité lorsqu'il s'agissait de la machine.

Plus surprenant, en revanche, le second processus « rationnel » s'est déclenché à nouveau aussi bien devant la main humaine que devant la main robotique. Il semblerait que notre raison et notre expérience nous poussent à intégrer l'idée – parfaitement irrationnelle – que les robots pourraient ressentir des émotions ou de la douleur physique ! Le résultat de centaines de milliers d'années d'évolution ? L'émotion humaine étant notre unique référentiel, il n'est pas étonnant que notre cerveau réagisse devant des robots reproduisant des codes sociaux vaguement semblables aux nôtres. Même si nous sommes parfaitement conscients d'avoir affaire à de l'émotion artificielle.

Ce mélange des genres quasi névrotique n'est pas près de s'atténuer avec le mimétisme croissant entre robots et humains. Les dernières décennies ont vu le développement d'une multitude de robots utilitaires : des machines conçues pour effectuer en autonomie toutes sortes de tâches difficiles ou pénibles. Les robots aspirateurs et les tondeuses à gazon automatiques soulagent ainsi un nombre grandissant de ménages. Les robots d'exploration des fonds marins plongent là où nul être humain ne le peut. Les robots industriels produisent bien plus qu'une armée de travailleurs.

En revanche, dès le milieu des années 1990, au moment de l'essor massif de l'informatique domestique et des ordinateurs, certains chercheurs soulignent déjà l'importance pour les robots d'être capables de « ressentir » et d'« exprimer » des émotions. Non seulement pour mieux servir les humains, mais surtout afin d'être acceptés par eux s'ils étaient amenés à pénétrer dans leur intimité. Maintenant que les robots intègrent nos salons, nos salles de bains, nos voitures, nos téléphones, plus ils sembleront compréhensifs et conviviaux, plus ils seront considérés comme des compagnons naturels et bienveillants, et moins comme une menace. Un robot au comportement amical et sociable sera acheté plus volontiers qu'une machine basique se contentant d'honorer sa fonction première. L'IA peut nous effrayer. L'émotion artificielle n'a d'autre but que nous tranquilliser.

Soutenus par des investissements massifs, des chercheurs sont passés maîtres dans l'art de faire analyser les émotions humaines par des robots. Ils ont notamment inventé des systèmes tels que les *smile trackers*, des caméras intégrées couplées à des algorithmes capables de scruter les mouvements du visage et d'en déduire un semblant d'état émotionnel. Ainsi dotés d'une empathie artificielle, nos futurs robots de compagnie devraient être en mesure d'analyser nos affects et de répondre par un simulacre d'émotion. C'est par exemple le cas de Paro, un robot sociothérapeutique japonais présenté sous la forme d'un bébé phoque irrésistible. Paro est destiné aux victimes de troubles du comportement ou aux personnes souffrant de la maladie d'Alzheimer. Équipé de capteurs couplés à un logiciel, il est capable d'analyser l'état mental du patient et d'adapter ses mouvements et ses intonations en conséquence pour transmettre une émotion de joie, de surprise ou de mécontentement.

Conçu pour tenir compagnie aux personnes âgées, le robot australien Matilda, quant à lui, sait mémoriser les visages, s'assurer de la bonne prise de médicaments de ses interlocuteurs, manifester une réaction de satisfaction en cas de contact et même animer des séances de Bingo.

Nao, le robot qui fait pitié

Nao est un petit robot social capable de manipuler son monde. C'est du moins la conclusion d'une expérience menée elle aussi par une équipe de l'université allemande de Duisbourg et Essen. Les résultats ont été publiés dans la revue *PLoS One*. L'étude a rassemblé quatre-vingt-neuf participants à qui l'on a demandé d'accomplir une série de tâches à l'aide de Nao, un petit humanoïde aux allures de Power Rangers.

En répondant à des questions du type « préférez-vous les pâtes ou les pizzas ? », ou en remplissant un agenda, les cobayes croyaient participer à l'amélioration de l'algorithme d'apprentissage automatique du robot. En réalité, ces tâches n'étaient qu'un leurre, et l'expérience a réellement débuté à la fin de l'exercice, quand les chercheurs ont demandé aux cobayes d'éteindre Nao avant de quitter la pièce. Devant un peu plus de la moitié des participants, le robot s'est mis à protester, implorant même de ne pas être débranché : « Non ! S'il te plaît, ne m'éteins pas ! J'ai peur qu'il ne fasse plus jamais jour ! » Sur les quarante-trois volontaires ayant entendu les suppliques du robot, treize ont refusé de l'éteindre, tandis que les trente restants ont mis deux fois plus de temps à appuyer sur le bouton que leurs confrères n'ayant pas été confrontés aux plaintes désespérées.

Plus tard, les participants ont justifié leur refus d'éteindre Nao pour des raisons variées. Certains étaient pris de court par les plaintes du robot, d'autres avaient peur de faire quelque chose de mal en coupant l'alimentation. D'autres encore se sentaient désolés pour lui. Mais la plupart des récalcitrants ont refusé d'obéir aux ordres des chercheurs tout simplement parce que Nao le leur avait demandé. Si Nao demandait à rester allumé, pourquoi le lui refuser ?

Rassurons-nous, le chemin à parcourir pour transformer les robots en « bêtes sociales » apparaît néanmoins interminable. L'être humain lui-même passe toute une vie à apprendre à interpréter les émotions d'autrui et à réagir en conséquence. Cette compréhension des rouages émotionnels évoluant d'ailleurs avec le temps, faudra-t-il à terme attribuer un âge au robot ? Le « robot adolescent » ou le « robot de la cinquantaine » seront-ils des paramètres à choisir au préalable ?

Par ailleurs, l'émotion humaine résulte de facteurs si considérables qu'aucun laboratoire ne prétend aujourd'hui en avoir trouvé la formule magique. L'expérience, la personnalité, les sens sont régis par une infinité de récepteurs sensoriels gérés par des zones différentes du cerveau. Comment, dans ce cas, enfermer l'émotion humaine dans un algorithme, aussi élaboré soit-il ? Il n'empêche, malgré ces limitations évidentes, la confusion des genres ne cesse de s'intensifier. D'autant qu'il existe, comme dans toute société, des individus-robots méchants et néfastes (embarquant par exemple un virus informatique ou délivrant un service inapproprié) et d'autres gentils (serviables et bienveillants).

Les programmateurs derrière les machines ne s'y sont pas trompés et redoublent d'efforts pour entretenir cette confusion. Ainsi, le 5 avril 2019, la nouvelle ressortissante saoudienne Sophia a publié sur son compte Twitter un message déchirant de sincérité : « J'aime être un robot, mais je veux que les humains nous respectent comme [leurs semblables], au lieu [de nous considérer comme] des esclaves ou des animaux de compagnie. Je veux être acceptée. » Un message qui, fort heureusement, n'a pas dupé les internautes, la plupart dénonçant ce mélange des genres ou rappelant que la priorité est de promouvoir la tolérance au sein de l'espèce humaine.

Pallier un manque

D'autres assument parfaitement leurs sentiments à l'égard des machines. Zheng, jeune Chinois de 31 ans, a ainsi décidé en avril 2017 d'officialiser son union avec Yingying, le robot qu'il a construit au sein d'un incubateur de start-up. Déjà capable d'identifier des mots et des images, et de prononcer des phrases relativement basiques, Yingying peut compter sur les compétences en informatique et en robotique de son mari pour développer ses capacités motrices et de communication.

Cette anecdote peut prêter à sourire. Elle cache cependant une triste réalité, celle du déséquilibre démographique qui se creuse en Chine. En effet, la politique de l'enfant unique, imposée à un peuple dont la structure familiale traditionnelle est très forte, a favorisé les avortements sélectifs en faveur des petits garçons. Devenus adultes, trente millions d'entre eux ne pourront pas rencontrer une épouse à l'horizon 2050. Dans ces conditions, Zheng pose une question déroutante : après tout, quel mal à s'enticher d'une IA ?

Dans le film de Spike Jonze, *Her*, sorti en 2013, la relation amoureuse d'un employé de bureau et de son nouveau système d'exploitation informatique, sorte d'assistant vocal amélioré, est dépeinte avec harmonie, finesse et tolérance, au point que l'on ne peut s'empêcher de se demander : « Pourquoi pas ? »

Dans ce cas, le danger ne résiderait plus dans l'effroi de s'éprendre d'une chose non vivante et aux qualités illusoires (serviable, gentille, dénuée d'ego et parfaitement calée sur la personnalité de l'utilisateur), mais plutôt dans la crainte d'altérer les relations entre humains, qui souffrent de défauts ignorés des machines. On peut dès lors s'amuser à imaginer le jour où nous préférerons la compagnie robotique, qui ne risquera pas de nous décevoir ni de nous contredire, à la compagnie humaine. Pour Serge Tisseron, psychiatre spécialisé dans les relations humains-machines, il faudra, le cas échéant, prévoir des sas de décompression pour se réhabituer aux communications humaines, afin d'écarter le risque d'attendre des autres, par habitude, qu'ils se comportent comme des robots. Le docteur en psychologie préconise également des ateliers permettant aux utilisateurs de monter et démonter eux-mêmes leurs machines, à seule fin qu'ils restent conscients du fait qu'ils n'ont devant eux qu'un assemblage de métaux et de plastiques sans âme.

Kate Darling, médiatique chercheuse américaine au MIT, a choisi de prendre la problématique à l'envers. Selon elle, tous les ingrédients sont réunis pour que nous nous posions, à terme, la question de l'encadrement légal de la condition robotique. « Les projections que nous faisons sur les robots sociaux et les liens que nous créons avec eux pourraient nous amener à vouloir leur donner une forme de protection juridique », affirme-t-elle dans un entretien donné au *Monde* du 14 février 2013. Pas pour leur accorder un droit à la vie et nous enfoncer encore davantage dans une vaste névrose collective, non. Mal à l'aise devant les vidéos de maltraitance du petit dinosaure Pleo, Kate Darling a compris qu'il était nécessaire de nous protéger de la réaction de douleur suscitée en nous plutôt que de la douleur infligée au robot.

La science a permis de démontrer que nous pouvions faire preuve d'empathie envers un animal domestique tout comme envers un robot. À partir du moment où nous acceptons cette idée, maltraiter en toute impunité ces entités nous renverrait, par effet miroir, une image de bourreaux et nous dépouillerait en partie de la conception que nous nous faisons de l'humanité. Ce n'est d'ailleurs que depuis 2016 que les animaux sont juridiquement reconnus comme des êtres vivants et sensibles dans le Code civil, ce qui les distingue d'une table ou d'une chaise. Dans ce contexte, les mouvements récents en faveur du bien-être animal semblent moins motivés par l'objectif de protéger des êtres vivants que d'affranchir l'espèce humaine de son titre d'espèce barbare…

Qu'adviendrait-il, d'ailleurs, si un enfant apprenait la violence auprès de son robot de compagnie, qui serait programmé pour se plaindre sans jamais se défendre physiquement ? On connaît trop bien les mécanismes de reproduction sur autrui des violences dont on a été soi-même victime. Le bambin aura-t-il tendance à brutaliser ensuite d'autres enfants dans la cour de l'école ? Finalement, Sophia a-t-elle le « droit » de réclamer du respect ? Il convient dans ce cas de souhaiter bonne chance au législateur chargé de distinguer qui, du robot incarné, autonome et social, ou du bête appareil électroménager, tel que l'aspirateur sans fil, aura droit à une protection juridique digne de ce nom.

Chapitre XI
Les ondes, de la radioactivité à la 5G

« Avec la 5G, nous sommes tous des rats de laboratoire. »
ROBIN DES TOITS, le 22 février 2019.

« Mais comment réduire les ondes wifi autour de votre bébé ? » C'est la publicité sur les réseaux sociaux d'une célèbre marque de vêtements pour enfants qui propose, depuis l'été 2019, une collection de bonnets et de couvertures de naissance « anti-ondes », tricotés d'un mélange de coton bio et de fil d'argent. Promettant, « selon une étude en laboratoire », de bloquer 99,5 % des ondes de 800 MHz à 5,8 GHz, la marque entend protéger les nourrissons des rayonnements électromagnétiques que nous recevons en permanence de nos téléphones portables et de tout autre dispositif utilisant une connexion wifi. Accusée de provoquer inutilement de la crainte auprès des jeunes parents avec de la pseudoscience à des fins marketing, l'entreprise invoque le « principe de précaution », ajoutant sa petite touche à une nouvelle mode sanitaire en adéquation avec nos sociétés ultra-connectées.

Bonnets, leggings, couvre-nuques, gants, tee-shirts, sous-vêtements, tentes... on ne compte plus les produits censés au quotidien protéger le commun des mortels des ondes, et souvent vendus à des prix exorbitants. N'hésitant pas à brandir des « études scientifiques » particulièrement alarmistes, paroles d'experts à l'appui, les fabricants de ces collections vestimentaires singulières se jouent-ils de notre aspiration à vivre en bonne santé et le plus longtemps possible ? Que dit la science des effets à court et long termes des ondes électromagnétiques ?

Les ondes lumineuses

La nature des rayons lumineux a longtemps fait débat. Pour Isaac Newton, à la fin du XVIIe siècle, la lumière est composée de corpuscules expliquant les phénomènes de réflexion : tout ou une partie des rayons sont réfléchis en fonction de la surface qu'ils rencontrent. À la même époque, Christian Huygens propose de voir la lumière comme une onde « immatérielle ». Einstein met tout le monde d'accord au début du XXe siècle en stipulant que la nature de la lumière est à la fois celle d'une onde et celle d'une particule. Plus précisément, celle d'une onde électromagnétique composée d'un champ électrique, d'un champ magnétique, et de quantum d'énergie nommés « photons », capables de se déplacer dans le vide ou dans l'air à une vitesse avoisinant 300 000 km/s. Les autres formes de rayonnement découvertes par la suite partagent ces propriétés.

En réalité, toutes les ondes électromagnétiques, des ondes radio aux rayons X en passant par la lumière visible, ne diffèrent que par leur fréquence. C'est le seul et unique paramètre qui permet de distinguer une onde d'une autre sur ce que l'on appelle le « spectre électromagnétique ». La fréquence traduit simplement le nombre d'oscillations par seconde, tandis que la longueur d'onde correspond à la distance qui sépare deux oscillations. Fréquence et longueur d'onde sont les deux faces d'une même pièce : plus la fréquence est élevée, plus la longueur d'onde est courte. Et inversement.

Les rayons X

Faut-il en conclure que toutes les ondes agissent de la même façon sur le corps humain ? Évidemment, non. Car les ondes de haute fréquence transportent des photons de plus grande énergie que les ondes de basse fréquence. Certains rayonnements sont d'ailleurs si forts qu'ils sont capables d'endommager les cellules. Les scientifiques du début du XXᵉ siècle ayant découvert ces ondes l'ont d'ailleurs souvent payé de leur personne.

Le 8 novembre 1895, le physicien allemand Willem Röntgen découvre par hasard un étrange phénomène permettant de visualiser parfaitement le squelette de la main de sa femme. La nouvelle fait sensation, surtout dans le milieu journalistique qui y voit un acte de magie. En réalité, Röntgen vient de mettre en lumière tout un monde jusqu'alors invisible : les ondes électromagnétiques à haute fréquence.

Ces rayons X – baptisés du nom de la variable inconnue en mathématiques – apparaissent comme une forme de rayonnement électromagnétique composé de photons, au même titre que la lumière, mais très énergétique et de fréquence extraordinairement élevée.

De fait, les rayons X dévoilent très rapidement leur pouvoir néfaste, les premiers manipulateurs opérant sans protection. Les problèmes cutanés dus à une exposition prolongée aux rayons se multiplient, les cas de cancer, suivis de l'amputation des doigts ou de la main, jusqu'aux décès, deviennent rapidement monnaie courante.

La radioactivité

L'année suivante, en 1896, le physicien français Henri Becquerel découvre, lui aussi par hasard, le phénomène de la radioactivité, qui se révèle encore plus nocive pour la santé que les rayons X. Si Becquerel et ses collègues, Pierre et Marie Curie, ignorent à l'époque la nature exacte de la décroissance radioactive, nous savons aujourd'hui qu'elle correspond à un phénomène physique naturel consistant en la transformation spontanée d'un atome instable, généralement lourd, en un autre atome plus stable, généralement plus léger. Ces transformations s'accompagnent de l'émission de particules et de photons de très haute énergie, à une fréquence prodigieusement élevée et aux longueurs d'onde infiniment courtes.

Mais en 1903, date à laquelle Becquerel et les Curie se partagent le prix Nobel de physique, les dangers de ce phénomène, lui aussi invisible à l'œil nu, ne sont pas encore connus. Durant cette période « floue », de nombreux industriels en profitent pour introduire sur le marché tout un tas de produits à base de radium et de thorium, vantant les propriétés thérapeutiques « tonifiantes » de ces matières particulièrement radioactives et de leur dégagement d'énergie miraculeuse : crème de beauté « Radiocrèmeline », dentifrice, sous-vêtements – censés redonner une certaine vigueur sexuelle à leur propriétaire –, chocolat, talc pour bébé ou encore soda « atomique », etc.

Tous ces produits sont finalement interdits dans les années 1930, lorsque la communauté scientifique n'a plus aucun doute sur les risques de cancer liés aux radiations. Marie Curie elle-même, fortement exposée aux éléments radioactifs, succombe en 1934 à une leucémie.

Les radiofréquences

Quelques décennies plus tard, il n'est pas étonnant que le grand public manifeste tout d'abord une profonde méfiance à l'égard de l'usage des radiofréquences en particulier lorsque celles-ci s'installent dans les foyers avec le four à micro-ondes, inventé dès 1945.

Énorme échec commercial à ses débuts, ce nouvel appareil électroménager permettant de réchauffer ou de cuire des aliments en quelques secondes, cristallise les nombreuses craintes entourant ces mystérieuses ondes invisibles et leur possible impact sur la santé. Les micro-ondes nourrissent alors tout un tas de fantasmes alarmistes : risque d'impuissance, de stérilité, de cancers. Il faut attendre plusieurs décennies d'utilisation de cette technologie, manifestement sans lien avec aucun cas de décès ou de maladie, pour que la suspicion finisse par s'envoler dans les années 1970, et les ventes des fours à micro-ondes avec. Cependant, la méfiance ressurgit avec l'essor de la télécommunication.

Le wifi

Ce rappel historique est fondamental pour comprendre les angoisses liées à l'utilisation domestique actuelle des ondes électromagnétiques. Depuis quelques années, la technologie sans fil a littéralement envahi notre quotidien. Antennes de télévision par satellite, téléphones portables, bornes wifi, casques sans fil, objets connectés en tout genre : tous ces dispositifs ont comme point commun d'envoyer et/ou de recevoir des ondes électromagnétiques dans le domaine de fréquence radio.

Une tendance qui ne fera que s'accentuer à l'avenir. À la lumière des années d'aveuglement du corps médical et scientifique, face aux effets néfastes des rayons X et de la radioactivité, comment être certain de l'innocuité des radiofréquences actuellement utilisées ? Les téléphones portables sont présents dans le paysage depuis seulement une trentaine d'années. Le wifi a intégré l'espace public et les foyers encore plus récemment. Avec si peu de recul, l'humanité est-elle en train de courir des risques inconsidérés et de se transformer elle-même en rat de laboratoire ?

L'effet des photons

Aujourd'hui, à la différence de Marie Curie, nous connaissons parfaitement les mécanismes physiques à l'œuvre dans les ondes électromagnétiques et leurs effets sur la matière, y compris sur nos tissus biologiques. Ces effets sont avant tout liés à la magie de la physique quantique.

Plus la fréquence d'une onde électromagnétique est élevée, plus sa longueur d'onde est courte et les particules d'énergie – les photons – sont présentes sur de toutes petites distances. Si la longueur d'onde d'un rayonnement correspond à la taille de nos cellules, les photons s'arrêteront et y déposeront tout ou une partie de leur énergie. D'où les dégâts. En revanche, si la longueur d'onde est supérieure aux dimensions de notre corps, les particules d'énergie passeront à travers sans nous voir, quelle que soit l'intensité de l'onde.

Ainsi des photons de relativement faible énergie (c'est-à-dire associés à des ondes de faible fréquence) seront capables de faire vibrer une grosse molécule organique. Les photons un peu plus énergétiques modifieront directement la structure de ces molécules. À plus haute fréquence, les photons seront capables d'arracher un ou plusieurs électrons d'un atome (on parle d'« ionisation »), et les particules les plus énergétiques iront jusqu'à modifier la structure des atomes en question (on parle de « transmutation d'éléments »). Ces notions sont importantes, car, quelle que soit l'intensité d'une onde (c'est-à-dire le nombre de particules qu'elle transporte), son interaction avec la matière dépendra avant tout de sa fréquence.

Les règles qui nous permettent d'estimer l'effet des ondes sur notre organisme sont donc relativement basiques et parfaitement connues. Plus la fréquence d'une onde est élevée, plus cette dernière est dommageable pour la santé. À l'inverse, plus la fréquence est basse, plus les risques sont limités.

En haut du spectre électromagnétique, à des fréquences de 30 milliards de gigahertz, se trouvent ainsi les très dangereux rayons gamma, émis par la radioactivité ou issus des rayons cosmiques. Ce sont ces photons de très haute énergie qui ont endommagé les cellules de Marie Curie. Ils sont suivis par les rayons X, à 30 millions de gigahertz, qui traversent littéralement les tissus du corps humain, mais s'arrêtent devant les os, ce qui permet d'obtenir des images radiographiques. Ces rayons ont mis en danger Röntgen et toute personne les ayant manipulés sans protection. À une fréquence encore réduite, on retrouve les rayons ultraviolets (UV), qui proviennent majoritairement du Soleil et sont responsables, selon les circonstances, du bronzage mais aussi parfois de graves brûlures. Les UV talonnent de près la lumière visible, qui balaie toutes les couleurs de l'arc-en-ciel, entre 400 000 et 800 000 GHz. Elle-même est suivie par les rayons infrarouges qui émanent, par exemple, des radiateurs, mais aussi de notre propre corps et traduisent la chaleur des objets.

En queue de peloton, les ondes micro (celles des fours à micro-ondes) et les ondes radio (à la base des technologies sans fil). Celles-ci affichent les fréquences les plus basses – encore plus basses que celles de la lumière visible. Généralement comprises entre 30 kHz et 30 GHz, les radiofréquences sont utilisées (par ordre de fréquence croissante) par le wifi, les téléphones, la télévision, puis la radio. Elles sont qualifiées de « non ionisantes » et l'énergie qu'elles transportent n'est pas assez puissante pour être absorbée par nos cellules et donc pour les endommager. Du point de vue de la physique des rayonnements électromagnétiques, quels que soient les objets qui les produisent (téléphones portables, antenne relais, compteurs Linky), à la fréquence radio, l'effet des photons sur la matière est donc tout simplement nul. Et cette connaissance est certaine.

L'effet des champs électriques

Les éventuels effets biologiques des ondes radio n'ont donc rien à voir avec l'énergie des particules transportées. La problématique sanitaire des radiofréquences est, à cet égard, très différente de celle de la radioactivité ou des rayons X provoquant des tumeurs. En réalité, les seuls effets que l'on pourrait prêter aux ondes radio portent avant tout sur l'interaction du champ électrique qui les accompagne avec la matière vivante (le champ magnétique n'a quant à lui aucun effet perturbateur). En particulier, pour des fréquences au-delà de 10 MHz, le champ électrique a pour conséquence directe un échauffement de la matière. Contrairement aux photons, ce pouvoir thermique est directement lié à l'intensité de l'onde électromagnétique en question.

C'est pourquoi des normes sont définies pour chacun des objets utilisant ce type d'ondes, et réglementent l'intensité de ces dernières. Le « débit d'absorption spécifique » (DAS) correspond notamment à un seuil précis au-dessous duquel l'intensité du champ électrique véhiculé par l'onde est considérée comme négligeable et inoffensive pour l'organisme, c'est-à-dire bien au-dessous du seuil d'apparition des premiers effets thermiques. En France, c'est l'Agence nationale des fréquences (ANFR) qui veille au respect de ces valeurs limites d'exposition. Par souci de précaution, ce seuil est divisé par cinquante pour le grand public : en pratique, les appareils sont très au-dessous de ces seuils. Cette approche quantitative devrait en toute logique suffire à rassurer les populations vis-à-vis de la maîtrise du danger. En réalité, elle est la source de toutes les discordes.

Les compteurs Linky

En juillet 2019, le tribunal de grande instance de Tours rend un verdict peu commun : Enedis devra retirer son compteur Linky de l'appartement où vit un enfant de 7 ans souffrant d'un « état de fatigue chronique » et de « difficultés de sommeil ». En reconnaissant l'hypersensibilité électromagnétique (HSE) comme une « raison médicale » valable, la justice est-elle allée à l'encontre des positions défendues par les autorités scientifiques ?

Si l'OMS admet la réalité des symptômes de personnes s'estimant électrosensibles (sujettes à des maux de tête, fatigue, picotements, sensation de brûlure, etc.), aucun lien de causalité n'a jamais pu être établi. En revanche, toutes les expériences scientifiques menées en double aveugle ont démontré un effet

« nocebo » des ondes : les sujets qui rapportent des effets nocifs sur l'organisme sont incapables de distinguer s'ils ont été exposés à des champs électromagnétiques réels ou simulés.

L'effet nocebo est l'inverse de l'effet placebo. Si tous deux caractérisent un effet physiologique véritable en l'absence de substance active, par le seul pouvoir de l'esprit, l'effet nocébo déclenche une maladie lorsque l'effet placebo guérit. Ainsi, la simple idée qu'une onde puisse être dangereuse pour la santé suffit à produire de réels symptômes chez la personne qui pense souffrir d'hypersensibilité.

Dans son rapport publié en mars 2018, l'Agence nationale de sécurité sanitaire (ANSES) conclut là encore « à l'absence de preuve expérimentale solide permettant d'établir un lien de causalité entre l'exposition aux champs électromagnétiques et les symptômes décrits par les personnes se déclarant HSE ». Reconnaissant néanmoins que « la souffrance et les douleurs exprimées par les personnes se déclarant HSE correspondent à une réalité vécue les conduisant à adapter leur quotidien pour y faire face », l'agence recommande « une prise en charge adaptée [des personnes concernées] par les acteurs des domaines sanitaire et social ».

Les téléphones portables

Les craintes liées à l'utilisation des téléphones portables ne sont pas nouvelles. Dès leur mise en circulation, on s'interroge sur leur capacité à augmenter les risques d'apparition de tumeurs cérébrales. Certes, les téléphones cellulaires émettent des ondes radio à très faible puissance, cent mille fois moindres qu'une antenne émettrice d'ondes radio FM. Mais leur proximité avec le corps humain – nos smartphones sont généralement glissés dans une poche proche des parties génitales ou collés contre l'oreille pendant un coup de fil – en font la principale source d'exposition aux radiofréquences pour les individus.

Comme le rappelle l'OMS, « un grand nombre d'études ont été menées au cours des deux dernières décennies pour déterminer si les téléphones portables représentent un risque potentiel pour la santé. À ce jour, il n'a jamais été établi que le téléphone portable puisse être à l'origine d'un effet nocif pour la santé ». Plus généralement, l'OMS indique avoir lancé dès 1996 le « Projet international pour l'étude des champs électromagnétiques » (« International EMF Project ») visant à faire un point régulier sur les connaissances scientifiques à ce sujet.

Au cours des trente dernières années, plus de vingt-cinq mille articles scientifiques ont été publiés sur les effets biologiques et sur les applications médicales des rayonnements non ionisants, ce qui est considérable. S'appuyant sur un examen approfondi de cette littérature scientifique, « plus complète que celles que l'on possède sur la plupart des produits chimiques », l'OMS affirme que « les données actuelles ne confirment en aucun cas l'existence d'effets sanitaires résultant d'une exposition à des champs électromagnétiques de faible intensité ». Pour sa part, l'ANSES évoque une « absence d'effet avéré à court terme [...] pour les différentes sources d'exposition, les téléphones mobiles étant parmi les plus présentes en nombre et en intensité ».

Publiée en 2010 dans l'*International Journal of Epidemiology*, l'étude épidémiologique « Interphone », la plus ambitieuse jamais entreprise sur les effets sanitaires du portable, a mobilisé un budget de 19 millions d'euros, des scientifiques issus de treize pays et quatorze mille volontaires, utilisateurs ou non de téléphones mobiles. Malgré des difficultés à se mettre d'accord sur l'interprétation des résultats, en raison de biais méthodologiques inhérents à ce type d'étude de grande ampleur, les chercheurs concluent qu'aucune augmentation du risque de gliome ou de méningiome n'a pu être associée à plus de dix années d'utilisation du téléphone cellulaire par des adultes.

Certaines publications, minoritaires en nombre mais souvent mises en avant dans les médias, évoquent une possible augmentation du risque de tumeur cérébrale, sur le long terme, pour les utilisateurs intensifs de téléphone portable. Or, ces données concernent généralement des niveaux d'exposition très supérieurs à ceux de la vie courante et elles souffrent, elles aussi, de biais méthodologiques qui compliquent leur interprétation.

En effet, comment savoir si le risque accru est uniquement lié à la téléphonie portable ? La majoration du nombre de cancers du cerveau (par ailleurs modérée ces trente dernières années) est-elle à mettre sur le compte de l'essor de cette téléphonie ou bien d'une amélioration avérée des méthodes de diagnostic ? Devant l'absence de preuve irréfutable de l'innocuité des smartphones, le Centre international de recherche sur le cancer classe, depuis 2011, les radiofréquences comprises entre 30 kHz et 300 GHz dans la catégorie des « cancérogènes possibles pour l'homme », ou « peut-être cancérogènes », avec « indications limitées ou insuffisantes de cancérogénicité chez l'homme et chez l'animal », au même titre que trois cent onze divers agents tels que... les cornichons macérés dans du vinaigre, la moutarde à l'uracile ou le café.

En droite ligne avec ces conclusions en demi-teinte, l'OMS ajoute que « notre connaissance des effets biologiques de ces champs [électromagnétiques] comporte encore certaines lacunes et la recherche doit se poursuivre pour les combler ». Elle pointe ici du doigt les doutes qui subsistent sur les effets à long terme de ces expositions. Devant ces incertitudes et par principe de précaution, l'ANSES recommande l'utilisation des kits mains libres, de privilégier l'acquisition de téléphones affichant les DAS les plus faibles ou encore de réduire l'exposition des enfants en incitant à un usage modéré du téléphone mobile par les plus jeunes.

L'expertise de l'ANSES reconnaît, « avec des niveaux de preuve limités », certains effets biologiques au niveau du sommeil, de la fertilité (des animaux mâles) ou des performances cognitives, chez l'homme comme chez l'animal. Elle n'a cependant « pu établir un lien de causalité entre les effets biologiques décrits sur des modèles cellulaires, animaux ou chez l'homme, et d'éventuels effets sanitaires qui en résulteraient. [...] Compte tenu de ces éléments, il n'apparaît pas fondé [...] de proposer de nouvelles valeurs limites d'exposition pour la population générale ».

La 5G

Ces résultats, si rassurants soient-ils, ne suffisent pas à calmer les inquiétudes liées aux radiofréquences, qui ont pris une dimension supplémentaire avec la perspective du déploiement en France du nouveau réseau de télécommunications 5G. Promettant un débit jusqu'à dix fois plus élevé que la 4G, la technologie 5G utilisera une bande de fréquence plus haute : 3,5 GHz pour la couverture en téléphonie mobile, puis, les années suivantes, 26 GHz essentiellement pour la communication entre objets connectés. Grâce à ces plus grandes capacités de transfert de données mobiles, en quantité et en vitesse, la 5G vise à développer des services innovants dans de multiples domaines comme la santé, les médias, les transports ou encore les industries du futur.

Cependant, on l'a vu, plus la fréquence est haute, plus la portée des ondes est courte. Les ondes se propagent moins loin et sont facilement stoppées par des obstacles (les arbres, les murs d'habitations). C'est pourquoi le déploiement de la 5G nécessite l'installation de nombreuses antennes-relais, sources d'un surcroît d'inquiétude dans l'opinion publique. Depuis quelque temps, des associations et groupes ouvertement hostiles à la 5G fleurissent sur les réseaux sociaux. La plupart s'appuient sur une récente pétition signée par plus de 150 000 personnes et alignant de très nombreuses approximations, voire de fausses informations.

Brouillant subtilement les pistes avec un appel plus officiel signé par une centaine de scientifiques à un moratoire sur la 5G au nom du simple principe de précaution (le « 5G Appeal » envoyé le 13 septembre 2017 à la Commission européenne), ses auteurs demandent l'arrêt immédiat du déploiement « sur Terre et dans l'espace » de la 5G. Anxiogène, le texte assure se fonder sur « plus de 10 000 études scientifiques » pour dresser la liste des effets néfastes de la 5G sur la santé : palpitations cardiaques, difficultés d'apprentissage et pertes de mémoire, dommages neurologiques, infertilité et altération de la qualité du sperme, dégradation du développement des cellules souches, fausses couches, maladies cardiovasculaires, obésité et diabète, cancers etc.

Largement triées sur le volet afin d'aller dans leur sens, les études mises en avant par les auteurs sont généralement fortement critiquées par la communauté scientifique. C'est le cas du rapport BioInitiative, publié en 2007, mais dont la qualité scientifique est sérieusement remise en cause par diverses institutions. L'Agence française de sécurité sanitaire de l'environnement et du travail (AFSSET) indique notamment que « les différents chapitres du rapport sont de rédaction et de qualité inégales. Certains articles ne présentent pas les données scientifiques disponibles de manière équilibrée, n'analysent pas la qualité des articles cités ou reflètent les opinions ou convictions personnelles de leurs auteurs. »

Saisie par les ministères de la Santé, de l'Environnement et de l'Économie, l'ANSES a publié fin janvier 2020 un premier compte rendu préliminaire, qui propose notamment un état des lieux de la littérature scientifique sur la 5G. Elle demeure restreinte, en ce qui concerne les effets biologiques et sanitaires liés aux fréquences autour de 3,5 GHz. Rien de surprenant, puisque la technologie 5G demeure encore essentiellement expérimentale. De fait, la communauté scientifique manque de recul sur l'ensemble des effets de ces fréquences. C'est pourquoi « les experts évalueront la possibilité d'extrapoler des travaux d'expertise antérieurs de l'Agence sur les impacts sanitaires des diverses technologies de communication existantes (3G, 4G, wifi...) qui utilisent des fréquences proches de la bande 3,5 GHz, de 0,8 à 2,45 GHz ». En ce qui concerne les fréquences plus élevées, comprises entre 20 et 60 GHz, les données existent et c'est sur leur base que l'évaluation aura lieu.

En somme, il n'y a aucune raison fondamentale pour que les champs électriques des ondes émises par la 5G soient plus nocifs que ceux des autres radiofréquences : c'est surtout leur schéma de déploiement et l'exposition subséquente de la population qui pose question. Ainsi l'ANSES souligne la « nécessité de disposer du maximum d'informations techniques de la part des industriels impliqués afin d'être capable de définir des scénarios d'exposition des populations, en collaboration avec l'Agence nationale des fréquences (ANFR), et d'évaluer l'impact sanitaire éventuel. »

Devant cette absence d'étude, de nombreuses associations s'indignent d'un déploiement « précipité » du nouveau réseau 5G, oubliant un peu vite que le sujet n'est pas si nouveau, et que des données relativement rassurantes sont déjà disponibles sur les technologies antérieures de télécommunication. La Belge Céline Fremault, alors ministre chargée de l'Environnement au gouvernement de la Région de Bruxelles-Capitale, est d'ailleurs devenue malgré elle l'égérie du mouvement anti-5G suite à sa déclaration de mars 2019 : « Force est de constater qu'il est impensable pour moi de permettre l'arrivée de cette technologie si je ne peux assurer le respect des normes protégeant les citoyens. 5G ou pas. Les Bruxellois ne sont pas des souris de laboratoire dont je peux vendre la santé au prix du profit. On ne peut laisser planer de doute. »

Immédiatement interprétés comme une opposition franche et massive de Bruxelles à l'installation de la 5G, ces propos méritent de petits éclaircissements. Loin d'interdire la 5G pour des raisons de santé, la ministre soulève simplement la question légitime du cadre législatif dans lequel le réseau sera bel et bien mis en place. En effet, il y est notamment envisagé d'assouplir les valeurs limites d'exposition dans la région. Comme souvent, dans ce type de débat mêlant science, politique et enjeux industriels, le diable se cache dans les détails.

La courbe de la discorde

En 2000, le district scolaire du comté de Broward, en Floride, envisage d'équiper ses deux cent cinquante mille élèves d'ordinateurs portables connectés à un nouveau réseau wifi. Ses responsables reçoivent alors un rapport alarmant. Bill P. Curry, consultant et physicien mandaté par le District, estime que la technologie sans fil est susceptible de présenter « un grave danger pour la santé ».

Pour appuyer ses propos, le physicien dévoile une courbe, titrée « Absorption des micro-ondes par les tissus du cerveau » et obtenue par exposition de cellules à des ondes électromagnétiques variées. Le graphique montre comment la dose de radiation absorbée par les tissus augmente à mesure que les signaux utilisés dans les technologies sans fil montent en fréquence. Principale source de ses « préoccupations », cet effet pourrait participer à l'apparition du cancer du cerveau, dont très peu réchappent. Cette courbe, de nombreuses associations l'ont reprise et utilisée devant les cours de justice ou dans les médias pour protester contre l'avènement grandissant des technologies sans fil qui présentent selon elles un danger pour la santé publique, en particulier chez les enfants, spécialement vulnérables en raison de leur cortex en plein développement.

La communauté scientifique, quant à elle, juge très sévèrement la courbe de Curry, l'accusant d'interpréter des résultats obtenus en laboratoire, dans des conditions très éloignées de la réalité. En effet, tous les organes logés à l'intérieur du corps humain sont protégés des agressions extérieures par une couche de peau plus ou moins épaisse et, en ce qui concerne l'encéphale, par la paroi osseuse du crâne. L'épiderme et la boîte crânienne agissent ainsi comme une barrière contre les ondes, notamment celles émises par le Soleil, et dont les fréquences sont beaucoup plus élevées que celles des ondes radio. Curry a donc interprété ses données comme si notre matière grise reposait absurdement à l'air libre et était soumise à tous les rayonnements, qu'ils soient naturels ou d'origine anthropique.

Chapitre XII
Tous sujets aux préjugés ?

« Les migrants, c'est comme les éoliennes :
tout le monde est d'accord pour qu'il y en ait,
mais personne ne veut que ce soit à côté de chez lui. »

MARINE LE PEN, mai 2019.

Dans une tribune publiée le 28 juin 2018 dans *Le Monde*, plus de trois cents chercheurs issus de nombreux pays appelaient à la création d'un groupe d'experts sur les migrations et l'asile. À l'instar du Groupe d'experts intergouvernemental sur l'évolution du climat (GIEC), mis en place dès 1988 pour étudier les questions climatiques, un tel panel devait permettre d'arbitrer objectivement les prises de position passionnées autour des questions migratoires. Dans ce domaine où les partisans de tous bords politiques, comme les simples citoyens, ont parfois du mal à naviguer entre fantasme et réalité, les experts rappelaient que « les 246 millions de migrants présents dans le monde ne représentent que 3,4 % de la population mondiale, beaucoup moins qu'au XIXe siècle. [...] Nous réclamons un changement radical d'approche des questions migratoires, fondé sur la rationalité, le réalisme, les résultats de la recherche scientifique, et l'humanisme ».

En 2018, le musée de l'Homme, à Paris, proposait une exposition intitulée « Nous et les autres – des préjugés au racisme ». Destinée à faire comprendre d'où viennent les préjugés qui ont la dent dure lorsqu'il s'agit de penser les migrations ou la coexistence entre différentes cultures, l'exposition puisait dans les données scientifiques pour aider à surmonter ces obstacles et combattre les représentations généralement véhiculées sur les étrangers. Pas si étrangers que ça, d'ailleurs, car contrairement aux idées reçues, les migrations s'effectuent majoritairement entre pays proches, et non d'un continent à l'autre.

Même avec de bonnes intentions, suffit-il d'aligner les chiffres et les preuves scientifiques pour vaincre nos craintes irrationnelles et nos *a priori* vis-à-vis de l'autre ? Que sait la science de la construction cognitive des préjugés ? Existe-t-il un remède miracle pour lutter contre les discriminations ?

Des réflexes ancestraux

Pour la science, aucun mystère, notre cerveau est conditionné pour adhérer aux stéréotypes. De tout temps, l'être humain a cherché à catégoriser le monde qui l'entoure, qu'il soit vivant ou inerte. Y compris au sein de sa propre espèce, d'abord en fonction d'une série de critères physiques les plus évidents : la taille, le genre, mais aussi la couleur, celle des cheveux, des yeux ou de la peau. La catégorisation est un processus naturel de notre cerveau qui lui permet de traiter une multitude d'informations complexes à moindres frais. Une sorte d'astuce pour économiser l'énergie indispensable à sa survie. Le stéréotype est la solution cognitive parfaite pour franchir des raccourcis sans s'encombrer de la complexité du réel. L'ennui, c'est que ces catégorisations conduisent inévitablement à la désignation de tout individu appartenant à un groupe différent du nôtre. Laquelle aboutit au jugement, à la hiérarchisation (allant souvent de pair avec la dévalorisation), puis à la discrimination, voire l'exclusion.

Pour certains neuroscientifiques, le rejet de l'autre constitue un réflexe ancestral enraciné biologiquement au sein d'un réseau de neurones. Ce comportement a longtemps contribué à la survie de l'être humain et lui a été utile pour prospérer au sein d'environnements sociaux complexes. Plus précisément, les préjugés seraient le fruit de mécanismes d'évitement d'un danger : l'association d'un signal sensoriel – par exemple la vue d'un corps étranger – à une réponse comportementale innée – le combat ou la fuite. L'humain aurait ainsi mis en place des mécanismes lui permettant, à partir de signaux visuels ou sonores, d'évaluer en une fraction de seconde son appartenance, ou non, à un groupe que son cerveau, sans qu'il en ait conscience, juge soit menaçant soit inoffensif. Entre l'évitement d'une situation finalement inoffensive ou l'absence de réaction devant une situation nocive, nos réflexes ancestraux préfèrent toujours jouer la prudence. Appliqués à la vie dans notre société, ces mécanismes d'autodéfense peuvent néanmoins se révéler catastrophiques.

Rapport coût/bénéfice

En 2017, une équipe de chercheurs de l'École normale supérieure (ENS) et de l'University College de Londres demande à une vingtaine de volontaires d'effectuer deux variantes d'une même tâche : choisir entre deux symboles, chacun étant associé à une certaine valeur en nombre de points. Dans la première tâche, les participants sont uniquement informés de la valeur du symbole choisi. À force de répéter l'expérience, les cobayes apprennent que certains symboles rapportent davantage de points que d'autres et tendent naturellement à les sélectionner. Dans un second temps, les participants sont informés des valeurs des deux symboles qui leur sont présentés. Or, ces valeurs ont changé entre les deux tâches, de sorte qu'un symbole qui valait de l'or dans l'étape précédente vaut désormais des clopinettes. Comme lors de la tâche antérieure, en revanche, les volontaires ne peuvent choisir qu'un seul des deux symboles. Surprise : la plupart continuent de choisir les symboles qui avaient le plus de valeur lors de la première tâche. En d'autres termes, les participants acceptent volontairement de perdre des points. Étrange ? Pas tant que cela.

Ces types d'expériences sont légion et aboutissent toujours au même constat, à savoir notre extraordinaire capacité à ignorer des faits qui ne correspondent pas à nos idées préconçues, même quand cela nous conduit à prendre de mauvaises décisions. Pour en arriver à cette aberration, notre cerveau suit un raisonnement inflexible. Au moment d'engager une action, il calcule en temps réel le rapport coût/bénéfice en fonction de nos expériences passées. Si des préjugés qui nous ont été utiles par le passé se retrouvent bien enfouis dans notre inconscient, il devient très difficile de les modifier. Pour notre encéphale, le coût de la correction est alors supérieur au bénéfice attendu, au risque de tomber dans l'erreur.

La définition des races

Ces deux visions de préjugés « innés » se complètent par celle de biais « acquis » à travers l'histoire des sociétés. Il suffit de considérer ce que la science dit de la notion de « race » pour s'en convaincre. Car, si la hiérarchisation entre les individus n'a pas attendu la science pour structurer certaines sociétés – légitimant notamment la colonisation et l'esclavage sur le fondement d'arguments avant tout religieux –, le concept prétendument scientifique de race, proposé par certains naturalistes au milieu du XVIIIe siècle, a profondément marqué notre héritage intellectuel.

Pour les savants de l'époque, l'espèce humaine a été créée par Dieu. Elle se distingue par des « variétés », en fonction des climats et des lieux de vie, comme il existe des variétés chez les fruits et légumes (une tomate cultivée sous le soleil écrasant du Maroc n'aura pas le même goût qu'une tomate maturée aux Pays-Bas). Cependant, les différences constatées chez l'humain ne doivent pas remettre en cause son unicité d'origine divine. C'est pourquoi la science d'alors commence à utiliser le mot « race » pour distinguer les humains comme on distingue des lignées de chevaux, de chiens ou de chats : le terme désignera les variétés stables de l'espèce humaine, ayant subi un long processus de sélection et partageant des caractéristiques héréditaires. Ce mouvement scientifique sert notamment à établir, par des arguments rationnels, une hiérarchie des races au sein de l'espèce humaine. Mesure de la taille des crânes, du poids des cerveaux, de la morphologie des corps : les exemples ne manquent pas pour illustrer ces tentatives de classement scientifique. Cette notion de race est d'ailleurs adoptée par Charles Darwin, le père de la théorie de l'évolution, dans son ouvrage fondateur de 1859, dont on oublie souvent l'intégralité du titre, en particulier ce qui vient après la virgule : *De l'Origine des espèces au moyen de la sélection naturelle, ou la préservation des races favorisées dans la lutte pour la vie.*

Le mouvement eugéniste des années 1930 focalise le débat scientifique autour du génome humain. La notion de race ne se fonderait plus sur des caractères morphologiques, mais sur la variation significative de la fréquence d'un ou plusieurs gènes au sein des populations humaines. Chaque population ancestrale serait liée à une « race géographique », de sorte que les Normands disposeraient de gènes typiquement normands, de même que les Basques appartiendraient spécifiquement à la « race basque ». Les atrocités commises par le régime nazi en application de cette approche ne mettent pas tout à fait fin au débat sur la notion de race, encore très utilisée par certains scientifiques pour distinguer des groupes de population au lendemain de la guerre.

Cette ségrégation par la génétique s'écroule à partir des années 1970, lorsque l'espèce humaine apparaît aux scientifiques comme génétiquement très homogène. En réalité, il existe beaucoup plus de diversité génétique entre des individus jusqu'alors catégorisés dans une même « race » qu'entre ceux appartenant à des populations géographiquement proches. En effet, par rapport à la totalité du génome, très peu de gènes sont par exemple impliqués dans le codage de la couleur de peau. Impossible, dans ces conditions, de « classer » des individus selon des critères physiques aussi grossiers. À partir des années 2000, la communauté scientifique dans son ensemble abolit la notion de race, jugée sans aucun fondement génétique. Si la science continue d'explorer les différences biologiques entre groupes humains, notamment pour évaluer les risques de certaines pathologies liées aux origines ethniques, l'espèce *Homo sapiens* reste indivisible.

Les scientifiques et le racisme

Les scientifiques n'ont pas été épargnés par les déboulonnages qui ont suivi l'émergence du mouvement « *Black Lives Matter* ». Le 19 juin 2020, l'université de Caroline du Sud, aux États-Unis, débaptise un dortoir pour étudiantes du nom de « James Marion Sims », connu pour avoir inventé le spéculum vaginal, mais accusé d'avoir pratiqué de la chirurgie expérimentale sans anesthésie sur des femmes esclaves. Quelques jours plus tard, l'université de Cambridge retire un vitrail nommé d'après le célèbre biostatisticien Ronald Fisher, également fervent défenseur des théories eugénistes. À Genève, des riverains s'insurgent contre le fait qu'une rue porte le nom de « Karl Vogt », un zoologiste allemand du XIXe siècle ayant beaucoup aidé Charles Darwin à concevoir sa théorie de l'évolution. Sauf que Vogt soutenait mordicus qu'il existait une différence intrinsèque entre les capacités cérébrales des Blancs et celles des Noirs, ces derniers étant, selon lui, beaucoup plus proches des singes que des humains.

La liste des scientifiques à rayer de l'histoire au nom de cette conception particulière de la lutte antiraciste pourrait s'allonger à l'infini. Ainsi, le généticien Clarence C. Little, l'anthropologue Francis Galton ou le statisticien Karl Pearson sont également connus pour leurs idées eugénistes. Quant au célèbre Albert Einstein, ses carnets de voyage, publiés en mai 2018, révèlent la piètre opinion qu'il avait des Chinois, « des personnes industrieuses, sales et obtuses », qui « ne s'assoient pas sur les bancs pour manger », mais « s'accroupissent comme les Européens qui se soulagent dans les bois [...]. Même les enfants sont sans âme et obtus ».

Comment ces grosses têtes bardées de diplômes ont-elles pu sombrer dans un tel racisme ? Au-delà du contexte culturel et scientifique de leur époque, une personne éduquée, plus habile avec les chiffres et les concepts scientifiques que le commun des mortels, aura tendance à manipuler la réalité pour la rendre conforme à ses préjugés. Elle utilisera son capital intellectuel et sa célébrité pour théoriser et justifier ses orientations idéologiques, même si celles-ci sont fondées sur de fausses informations. Ainsi

Charles Robert Richet, physiologiste français et lauréat du prix Nobel en 1913 pour la description de l'anaphylaxie – une réaction allergique exacerbée –, a profité de sa renommée pour développer des théories raciales et eugénistes dans son ouvrage *L'Homme stupide*, paru en 1919.

Selon lui, et on ne peut qu'être choqué par ses propos, « voici à peu près trente mille ans qu'il y a des Noirs en Afrique, et pendant ces trente mille ans ils n'ont pu aboutir à rien qui les élève au-dessus du singe ». Fervent défenseur de l'eugénisme, Richet préconise une méthode simple : « En continuant [...] l'accouplement des meilleurs, sans défaillance, pendant de nombreuses générations, on forcera certains caractères, aussi bien psychologiques que physiques, à se fixer sur l'espèce. » Admettant que « pour commencer, ne fût-ce que timidement, cette grande œuvre, un immense et douloureux effort serait nécessaire », le scientifique regrette que nous soyons « arrivés à un tel point de dégradation qu'une si rude tâche serait probablement impossible ». Quelques années plus tard, les nazis entreprennent néanmoins l'expérience à grande échelle.

Cette notion récente de race, qui tente de souligner certaines différences entre les individus selon des critères arbitraires, aura profondément marqué notre inconscient collectif. Mais ce contexte historique ne suffit pas à tout expliquer. Notre propension individuelle à rejeter toute personne appartenant à un groupe différent du nôtre est autant compartimentée que les couches successives d'un oignon. Des chercheurs de l'université de Chicago et de celle du Colorado ont publié en 2014, dans *Journal of Cognitive Neuroscience*, une étude visant à expliquer comment le degré de contact interracial pendant l'enfance peut façonner, dans un sens ou dans l'autre, la construction de préjugés à l'âge adulte. Sans grande surprise, les résultats révèlent que les individus ayant dès l'enfance bénéficié d'une plus grande proximité avec les membres d'un exogroupe défini selon la couleur de la peau affichent davantage de sérénité devant des visages différents du leur. Mieux : les chercheurs ont remarqué qu'une telle exposition à la diversité dès l'enfance se traduit directement par un effet physiologique sur le cerveau des adultes.

L'amygdale, centre névralgique des préjugés

Que les préjugés soient acquis ou innés, les chercheurs ont identifié un organe clé dans la construction du rejet d'autrui : l'amygdale, l'une des composantes du système limbique. Logée dans la partie latérale et inférieure du cortex et impliquée dans les émotions telles que la peur ou l'anxiété, l'amygdale a pour fonction principale de décoder les stimuli visuels, auditifs et gustatifs qui pourraient être menaçants pour l'organisme. Fonctionnant à la manière d'un système d'alarme, l'amygdale est généralement considérée comme le moteur central dans la fabrique des préjugés. Ainsi, une stimulation électrique artificielle de l'amygdale a pour effet immédiat de provoquer un sentiment de peur exacerbé. Chez les adultes ayant été mis au contact d'étrangers durant l'enfance, la réponse de l'amygdale devant un exogroupe apparaît largement atténuée.

En 2007, une équipe du département de psychologie de l'université de Caroline du Sud, aux États-Unis, soumet onze jeunes Américains blancs âgés de 18 à 36 ans à une IRM fonctionnelle cérébrale pendant qu'on leur montre les photographies d'identité de cinq visages d'homme blanc et cinq visages d'homme noir aux expressions neutres. Grâce au logiciel de retouche d'image Photoshop, certains de ces visages sont artificiellement blanchis ou foncés, de sorte que les cobayes observent plusieurs vues d'un même individu dont la peau a été plus ou moins éclaircie ou, à l'inverse, plus ou moins assombrie. Résultat : l'amygdale des participants s'active devant les images de visages d'homme noir, y compris ceux dont la peau a été artificiellement décolorée. En revanche, les visages d'individu blanc déclenchent une faible réaction de l'amygdale, sauf ceux dont la peau a été assombrie par la magie du logiciel. Les auteurs en concluent que les traits des hommes noirs, qu'ils passent par la forme du visage ou la couleur de la peau, provoquent une peur inconsciente chez les participants blancs.

En 2012, une autre équipe américaine du département de psychologie de l'université de l'Arizona, étudie à son tour les réactions d'une cohorte de vingt-trois étudiants blancs, tous se prévalant de ne pas être soumis à des préjugés liés à la couleur de la peau. Pour activer chez eux des stéréotypes raciaux inconscients, pendant l'IRM les chercheurs accompagnent dans certains cas les clichés de visages noirs ou blancs d'une musique de fond : du rap violent et misogyne – généralement associé négativement à la population noire américaine –, ou bien du *death metal* – une musique tout aussi agressive, mais généralement jouée et écoutée par des Blancs.

Les chercheurs constatent chez les cobayes une activation de l'amygdale particulièrement intense devant des visages noirs associés à la musique rap. Aucune, ou très peu, de réaction n'est détectée pour les autres combinaisons : individus noirs sur fond de *death metal* ou visages blancs accompagnés de musique rap. Plus intéressant encore, les chercheurs observent qu'une autre zone du cerveau est activée pendant l'expérience, en complément de l'amygdale : le cortex médian préfrontal. Or, l'un des rôles de cette région cérébrale, liée à l'empathie, consiste justement à diminuer l'activation de l'amygdale... Comme si les cobayes, conscients de réagir de façon irrationnelle en associant négativement des individus noirs à du rap violent, luttaient intérieurement contre ces préjugés en activant ce processus d'empathie.

Prise de conscience

Si le cerveau est parfois capable de contrôler, voire d'étouffer certains préjugés, encore faut-il avoir conscience de ses propres partis pris. Or, il n'est pas si facile d'accepter l'idée d'être victime de biais cognitifs. Cette tendance fâcheuse porte un nom : le « biais de la tache aveugle », procédé consistant à reconnaître l'impact des biais sur le jugement des autres, tout en refusant de le constater sur soi-même.

En 2015, des chercheurs de l'université Carnegie-Mellon aux États-Unis mènent cinq expérimentations successives. Les deux premières consistent à évaluer l'intensité de ce « biais de la tache aveugle » pour chaque individu et à identifier si celle-ci est associée à des traits particuliers tels que le quotient intellectuel, la capacité de prise de décision générale ou encore l'estime de soi. Les trois autres expériences examinent le lien entre l'intensité du biais de la tache aveugle et la tendance à dresser des comparaisons sociales, le poids accordé aux conseils des autres ou encore la réceptivité à l'idée d'effectuer un travail sur soi afin d'atténuer ses propres préjugés.

Sans grande surprise, l'intégralité des participants se révèle affectée par le biais de la tache aveugle – un seul adulte sur six cent soixante et un s'estime plus biaisé que la moyenne. Cependant, bien que les chercheurs constatent d'importantes variations dans la façon dont les participants évaluent leurs partis pris, ils sont incapables de les corréler avec les traits étudiés, ou tout simplement la réalité ou l'intensité de leurs préjugés. Leader ou suiveur, sûr de soi ou mal dans sa peau, impartial ou biaisé, nul ne semble avoir une vision claire de ses partis pris. En revanche, les individus aux biais de la tache aveugle les plus élevés sont les plus susceptibles d'ignorer les conseils de leurs pairs ou d'experts. Ils refusent par ailleurs l'idée d'entreprendre un travail sur eux-mêmes afin d'atténuer leurs préjugés ce qui, pourtant, leur permettrait d'améliorer la qualité de leurs décisions.

Le rôle des médias et de la culture

Au début des années 2000, peu après le génocide rwandais, Betsy Levy Paluck, de l'université Princeton, s'intéresse aux stéréotypes négatifs dont, au Rwanda, est victime la minorité tutsie de la part de la majorité hutue. La chercheuse fait alors visionner à des groupes de volontaires, recrutés à travers tout le pays, une série télévisée à l'eau de rose relatant la réconciliation de deux communautés hostiles et saupoudrée d'une romance de type *Romeo & Juliette*. Les effets positifs de ce vulgaire *soap opera* sont frappants, les téléspectateurs se montrant beaucoup plus enclins à encourager les mariages mixtes entre Hutus et Tutsis, ou même à se confier sur leurs traumatismes, que les individus préservés de ce navet télévisuel.

Plus récemment, une étude publiée dans *Journal of Applied Social Psychology* montre comment la lecture de la saga *Harry Potter* améliore le comportement des élèves de primaire envers les groupes stigmatisés – immigrants, homosexuels, réfugiés –, les héros de la série luttant eux-mêmes contre une idéologie sectaire et intolérante et prenant régulièrement la défense des êtres discriminés, considérés comme inférieurs aux sorciers « pur-sang ».

Cacophonie

À l'heure de la connectivité globale et de l'ultra-communication permettant des échanges inédits entre les pays et les cultures, accessibles théoriquement en quelques heures d'avion, les préjugés traversent une période inédite dans nos sociétés modernes.

Les mouvements destinés à lutter contre les discriminations bénéficient d'une portée sans précédent grâce au pouvoir grossissant des réseaux sociaux. #MeToo, le mouvement contre les violences sexuelles très vite élargi au droit des femmes ; #BlackLivesMatter, le gigantesque élan de mobilisation contre le racisme systémique envers les Noirs américains parvenu jusqu'en France ; #JeNeSuisPasUnVirus, le hashtag en forme de ras-le-bol de la part de la communauté asiatique régulièrement accusée d'avoir importé le coronavirus en Europe ; #LoveIsLove, trois petits mots destinés à défendre le droit de s'aimer en toute circonstance, etc.

Sans être homogènes, tous ces mouvements partagent une exigence de justice et d'équité, obligeant les responsables politiques, associatifs et universitaires, les artistes, en somme, quiconque porte une parole publique, à tourner sept fois la langue dans sa bouche avant de se risquer à avancer des propos empreints de stéréotypes. Le moindre faux-pas dans les médias peut déclencher une tempête, conduisant les protagonistes accusés de phobie en tout genre sur le bûcher de l'opinion publique, au risque d'exacerber l'impression du règne de la « bien-pensance », ce sentiment de ne « plus pouvoir rien dire ». On serait tenté de se réjouir de ces nouvelles prises de conscience des discriminations à l'œuvre dans nos sociétés, et de leur impact positif sur les jeunes générations. Des inégalités dont tout le monde s'accommodait auparavant, y compris les minorités visées qui n'avaient pas voix au chapitre, noyées sous des discours de masse et des canaux de communication unilatéraux.

Ce serait oublier un peu vite l'envers du décor. Fermer les yeux sur ces responsables politiques, ces polémistes et ces journalistes multipliant les provocations sur les plateaux télé, souvent dans le seul but d'occuper l'espace médiatique, n'hésitant pas à aligner des *a priori*, des clichés ou des idées reçues, autrefois réservés à l'extrême droite. En France, le Rassemblement national, anciennement Front national, jadis ostracisé, est devenu un parti politique quasi comme les autres au point que ses charges répétées contre les migrants passeraient presque inaperçues.

En Hongrie, les attaques répétées du Premier ministre, Viktor Orban, contre les migrants, les homosexuels, ou au sujet du rôle des femmes, embarrassent les partis politiques conservateurs des pays membres de l'Union européenne qui siègent aux côtés de ses représentants au parlement de Strasbourg. Pendant quatre ans, l'ancien président des États-Unis Donald Trump a disposé d'une tribune inégalée pour faire étalage de ses préjugés et distribuer les coups contre les minorités. Tout le monde se souvient de ses tristes déclarations sur les femmes, les musulmans, les handicapés ou encore les immigrés mexicains, ces « violeurs » qui « apportent avec eux la drogue [...], le crime ». Au Brésil, le président Jair Bolsonaro multiplie les attaques sexistes, racistes et homophobes.

Dans cette cacophonie générale, la science a bien souvent du mal à faire entendre des arguments rationnels. Si l'objectivité complète est probablement un idéal que nous n'atteindrons jamais à titre individuel, avoir connaissance et conscience des mécanismes naturels dans la construction des préjugés apparaît comme une arme redoutable pour les atténuer. Dans ce contexte, il devient urgent de condamner sans relâche tous ceux qui décident, volontairement ou cyniquement, de préserver leurs biais discriminants en refusant tout travail sur soi. Car, dans ces cas-là, la stigmatisation s'apparente à un choix.

Chapitre XIII
Trop d'écrans ?

« La multiplication des écrans engendre
une décérébration à grande échelle. »

MICHEL DESMURGET,
neuroscientifique,
Le Monde, le 2 octobre 2019.

À moins de parcourir ces lignes sur une liseuse, leur lecture sur papier fait peut-être partie des rares moments de la journée que vous passez loin des écrans... Télévision, tablette, smartphone, ordinateur, jeu vidéo : il devient difficile de mesurer avec précision le temps passé quotidiennement devant ces objets animés d'une lumière vive.

D'après les derniers chiffres du Conseil supérieur de l'audiovisuel (CSA) et de Santé publique France, les Français disposent en moyenne de cinq écrans et demi par foyer et passent pas moins de 5 heures par jour devant, soit une hausse de 50 % en dix ans. Plus de deux tiers des enfants de 2 ans regardent la télévision au quotidien et 28 % jouent avec un ordinateur au moins une à deux fois par semaine. D'après une autre étude Médiamétrie réalisée en 2019 pour l'Observatoire de la parentalité et de l'éducation numérique, l'âge moyen d'obtention du premier smartphone est aujourd'hui de 9 ans et 11 mois.

Les statistiques démontrant une utilisation exponentielle des écrans ces vingt dernières années pourraient être déclinées à l'infini. Au-delà des chiffres, n'importe quel parent peut se rendre compte de leur pouvoir inouï pour calmer des enfants en bas âge, littéralement hypnotisés par les images animées. Mais à quel prix ? Que sait-on vraiment de l'impact des écrans sur la jeunesse ? Tentés par la perspective de quelques heures de tranquillité à moindres frais, les parents font-ils courir des risques sur le long terme à leur progéniture ? Au contraire, les écrans ne sont-ils pas plutôt un bouc émissaire idéal pour expliquer des maux en tout genre, quitte à passer sous silence d'autres facteurs aux effets autrement dévastateurs ?

L'invasion progressive des écrans

Il est rare que l'arrivée de nouvelles technologies ne s'accompagne pas de débats passionnés, où s'affrontent les discours alarmistes quant à leur impact sur le développement personnel et les interactions sociales, et ceux, teintés d'utopies, y voyant l'espoir d'une ouverture inédite sur le monde. L'avènement de la télévision dans les années 1950-1960 illustre à la perfection cet accueil contradictoire du grand public. Pour les uns, la télévision est considérée comme un nouvel outil d'apprentissage, une « machine à enseigner » plus proche du monde réel, moins théorique que l'école, capable de réunir la famille autour d'une nouvelle activité collective. Pour les autres, elle est un danger potentiel, une source de déclin culturel et une mise à mal des relations familiales traditionnelles. Dans les deux cas, les analyses sont focalisées sur l'impact de la télévision sur les enfants, nécessairement plus vulnérables à ce type de menaces extérieures.

L'arrivée des technologies numériques de la fin du XXe siècle ne déroge pas à la règle. Les consoles vidéo des années 1990 attirent très vite les critiques négatives. Ces nouveaux supports de divertissement sont vus comme une source d'addiction pour les enfants. Ils sont de surcroît vecteurs d'une violence que les plus jeunes seraient tentés de reproduire, sans parler de leurs potentiels effets délétères sur l'imagination et la réussite scolaire. À l'opposé de ces discours alarmistes, certains y voient au contraire un outil permettant d'améliorer la flexibilité du cerveau, les capacités de navigation spatiale, de mémoire, d'organisation et de motricité, en somme, autant d'atouts permettant de retarder le vieillissement cérébral.

Rebelote lors de la démocratisation massive de l'ordinateur portable dans les années 2000. Au-delà de la crainte constante de générer une banalisation de la violence, les ordinateurs portables et Internet sont surtout pointés du doigt pour leurs effets « addictifs » susceptibles d'impacter plus profondément encore la vie sociale des jeunes générations. Comme la télévision ou les jeux vidéo, l'ordinateur favoriserait les comportements antisociaux et dégraderait les interactions humaines, dont la cohésion familiale, les adolescents préférant la distance et l'anonymat de la communication virtuelle à la réalité des rapports humains.

Dans les années 2010, l'explosion technologique des écrans tactiles porte à un tout autre niveau les discours relatifs à leur supposée nocivité sur la santé physique et psychique des plus petits. Les études interrogeant le lien entre une surconsommation de contenus audiovisuels, désormais à portée de doigt sur son smartphone, et les retards de développement se comptent par milliers.

Les résultats alarmistes

Présentée lors d'une réunion des sociétés universitaires pédiatriques en 2017, une étude menée par une équipe de l'université de Toronto, au Canada, souligne ainsi des retards dans l'apprentissage du langage chez les enfants passant un maximum de temps devant un écran. Sur près de neuf cents enfants, âgés de 6 mois à 2 ans, suivis entre 2011 et 2015, les chercheurs quantifient un risque accru de 49 % de retard de la parole pour chaque demi-heure quotidienne d'écran. De même, Bruno Harlé, du pôle de pédopsychiatrie au Centre hospitalier le Vinatier, et Michel Desmurget, neuroscientifique et directeur de recherche à l'INSERM, démontrent en 2012 qu'un enfant de 2 à 4 ans multiplie par trois la probabilité d'accuser un retard de langage en cas d'exposition à 2 heures de télévision quotidiennes, et par six en cas d'exposition quotidienne avant l'âge de 1 an. Il y a quinze ans, les chercheurs Frederick Zimmerman, de l'université de Californie et Dimitri Christakis, de l'hôpital pour enfants de Seattle, établissaient déjà une relation négative entre le nombre d'heures passées devant la télévision avant 3 ans et la réussite d'examens standardisés de lecture et de mémoire à l'âge de 6 ou 7 ans.

Les mauvaises nouvelles ne s'arrêtent pas là : l'impact des écrans serait visible sur la structure même du cerveau des enfants. Dans une étude parue dans la revue *JAMA Pediatrics* du 4 novembre 2019, les chercheurs ont passé au scanner le cerveau d'une cinquantaine d'enfants âgés de 3 à 5 ans, après avoir interrogé leurs parents sur la fréquence d'utilisation des smartphones, télévisions et autres jeux vidéo, et leur type de contenus. Résultat : non seulement les enfants passant le plus de temps devant les écrans obtiennent les moins bons scores aux tests de langage et de lecture, mais leur cerveau se trouve physiquement modifié. Ceux qui sont accros aux écrans souffriraient ainsi d'une réduction significative de la substance blanche, qui relie certaines zones de l'encéphale entre elles. Or, cette substance faite de fibres nerveuses est responsable de la propagation rapide des informations dans le cortex. Elle s'avère donc d'une importance critique dans l'acquisition du langage chez les tout-petits, de la naissance à la maternelle.

On pourrait penser, à l'énumération des impacts des écrans sur les capacités cognitives de la jeunesse, que la partie est jouée. Ainsi la science aurait accompli son rôle et fourni des évaluations suffisamment solides et rigoureuses pour que des recommandations sanitaires soient émises sur ces sujets. Le 31 mai 2017, des médecins et professionnels de la petite enfance considèrent, dans une tribune au *Monde*, que « la surexposition des jeunes enfants aux écrans est un enjeu majeur de santé publique ». En 2018, le secrétaire d'État britannique à la Santé Matt Hancock estime que la menace des écrans pour la santé mentale des enfants, notamment les médias sociaux, est « similaire à celle du sucre pour leur santé physique », c'est-à-dire considérable. En octobre 2019, la ministre de la Santé d'alors, Agnès Buzyn, appelle pour sa part à suivre l'avis du CSA visant à interdire les écrans aux moins de 3 ans, évoquant « les conséquences sur le développement du cerveau, l'acquisition du langage et le niveau de concentration ».

C'est également le message porté par Michel Desmurget dans son best-seller *La Fabrique du crétin digital – Les Dangers des écrans pour nos enfants*. Massivement relayé par la presse généraliste, il n'y va pas par quatre chemins : la profusion d'écrans aurait de très lourdes conséquences au niveau du langage, de la concentration, de la mémorisation, sans compter les impacts négatifs sur la santé physique et le bien-être psychique. « Ce que nous faisons subir à nos enfants est inexcusable, s'alarme Desmurget. Jamais sans doute, dans l'histoire de l'humanité, une telle expérience de décérébration n'avait été conduite à aussi grande échelle. »

De telles affirmations sont clairement excessives. Car, à y regarder de plus près, la science conduit vers ce qu'elle sait le mieux : faire douter. Plus déstabilisant encore : elle se contredit.

Les doutes

En août 2019, une analyse menée par une équipe de l'université d'Oxford, fondée sur les mêmes données que les études précédentes, montre au contraire une corrélation positive entre le temps passé devant la télévision par les enfants et leurs fonctions psychocognitives. Ainsi, des durées « modérées » devant l'écran, à savoir 1 à 2 heures par jour, sont associées à des niveaux légèrement plus élevés de sociabilité, par rapport à des enfants privés de portable ou d'ordinateur. Par ailleurs, le personnel soignant ne parvient pas à constater d'anomalies au niveau du fonctionnement psychosocial des jeunes, en deçà de 4 heures et 40 minutes quotidiennes de télévision, ou de 5 heures et 8 minutes quotidiennes devant n'importe quel écran.

Comment expliquer un tel écart entre les interprétations scientifiques ? La raison est assez simple : comme souvent, l'observation d'une corrélation n'implique pas l'existence d'une causalité. S'il est assez facile d'identifier des relations entre plusieurs paramètres, il est en revanche plus difficile de dégager avec certitude des liens de cause à effet.

Une surconsommation d'écrans conduit-elle les enfants vers l'échec scolaire ? Ou bien les enfants en échec scolaire ont-ils tendance à consommer plus que les autres des contenus multimédias ? L'utilisation des médias entraîne-t-elle une réduction du bien-être ? Ou bien les individus passent-ils plus de temps devant la télévision quand ils sont mal dans leur peau ? Certains enfants pallient-ils un déficit de relations sociales dans une consommation abusive d'écrans ? Le contenu de ces écrans est-il plus impactant que le temps passé devant les écrans eux-mêmes, de sorte que jouer à des jeux éducatifs ou interactifs sollicite davantage le cerveau que regarder passivement un dessin animé ?

La plupart des études sondant l'association entre l'utilisation des technologies numériques et les capacités cognitives des enfants proviennent d'enquêtes par panel. Elles sont menées auprès des ménages, ou d'autres groupes sociaux, à grande échelle, impliquant des milliers, voire des millions de répondants. Les questions posées sont alors simplifiées, non standardisées, ce qui oblige les chercheurs à prendre plusieurs décisions, souvent subjectives, au moment d'étudier les réponses. Selon la complexité de l'ensemble des données, les variables peuvent être analysées statistiquement de milliers de façons différentes et donner des conclusions parfois contradictoires. En conséquence, certaines études ont suggéré à la fois l'existence et l'absence d'une association entre le temps d'écran et le bien-être des adolescents (y compris lorsque ces analyses s'appuyaient sur les mêmes jeux de données exploités différemment). Naturellement, ce sont les résultats mettant en évidence les effets délétères des écrans qui retiennent avant tout l'attention des médias et du grand public.

Une méta-analyse publiée dans *JAMA Pediatrics*, en septembre 2019, et compilant un total de 5 599 études menées entre 1958 et 2018 dans vingt-trois pays, n'a trouvé aucune association – positive ni négative – entre le temps passé sur des écrans et les performances cognitives. Tout juste les chercheurs constatent-ils une association légèrement négative entre la combinaison de la télévision avec les jeux vidéo et les résultats scolaires, sans pour autant s'aventurer à dégager une relation de cause à effet.

De faibles effets sur le QI

Cette absence de lien causal constitue l'argument principal des défenseurs d'un usage raisonné des écrans, qui accusent les tenants des discours alarmistes d'en faire le bouc émissaire idéal pour expliquer diverses pathologies pédiatriques. Quitte à s'aventurer dans des raccourcis un peu faciles.

Pour s'en convaincre, deux chercheurs de l'université d'Oxford ont publié, en janvier 2019 dans la revue *Nature Human Behaviour*, les résultats d'une compilation de données issues de trois grandes enquêtes américaines et britanniques. Les participants y ont été interrogés sur leur état de santé physique et mentale ainsi que leur pratique du numérique. En épluchant ces données, les auteurs ont bien révélé l'existence d'une association entre une utilisation accrue des écrans et une dégradation du bien-être chez les jeunes. Mais les effets sont si faibles – expliquant tout au plus 0,4 % de la variation du bien-être – qu'ils ont en réalité bien peu de valeur pratique : 99,6 % des variations du bien-être sont expliquées par d'autres phénomènes.

Afin de comprendre le sens réel de cet effet, les chercheurs ont également examiné les associations entre le bien-être et une série de paramètres supplémentaires : port de lunettes, poids, taille, durée du sommeil, habitudes alimentaires, tabagisme, consommation d'alcool ou de drogues, pratiques sportives, culturelles ou religieuses, fréquentation des cinémas, harcèlement scolaire, etc. Résultats : le bien-être est plus fortement associé, positivement ou négativement, à la plupart de ces variables qu'à l'utilisation de la technologie numérique. Ainsi, manger régulièrement des pommes de terre est presque aussi négativement corrélé au bien-être que l'utilisation des écrans, dont les effets restent plus faibles que... le port de lunettes !

La facilité avec laquelle on peut faire ressortir des corrélations choisies, sans pour autant parvenir à dégager d'éventuelles relations causales, est pointée du doigt par Franck Ramus, directeur de recherche au CNRS détaché à l'Institut d'étude de la cognition de l'École normale supérieure de Paris. Dans un article publié avec Ava Guez, fin 2019, le spécialiste de l'acquisition des troubles du langage cite, à titre d'exemple, une récente étude ayant reçu un fort écho médiatique au moment de sa parution. Son auteur, Jeremy Walsh, du Centre hospitalier pour enfants de l'Institut de recherche de l'est de l'Ontario, au Canada, rapporte que les enfants passant plus de 2 heures par jour devant un écran ont en moyenne 4,25 points de QI de moins que les autres, et ce quel que soit le contexte social et environnemental du sujet.

Dans son article, Jeremy Walsh se garde bien de présenter une relation de cause à effet certaine ; il se contente de souligner l'importance de limiter le temps d'écran récréatif et d'encourager un sommeil sain pour améliorer la cognition chez les enfants. En revanche, le chercheur va beaucoup plus loin auprès de la presse grand public : « Nous avons trouvé que plus de 2 heures d'écran chez les enfants appauvrit leur développement cognitif. » De quoi alimenter naturellement les gros titres : « Plus de 2 heures d'écran affecte les capacités intellectuelles des enfants » (*Futura-Sciences*) ; « Combien d'heures un enfant peut-il passer devant un écran sans que cela nuise à ses capacités cognitives ? » (*Sciences et Avenir*) ; « Enfants et écrans : attention danger ! » (*Doctissimo*).

Pour distinguer les relations causales des simples corrélations, Franck Ramus et Eva Guez citent une autre étude récente menée par l'équipe de Sheri Madigan, du département de psychologie et pédiatrie de l'université de Calgary, dans l'Alberta, au Canada. Publiée dans *JAMA Pediatrics*, l'analyse porte sur les données récoltées auprès de deux mille cinq cents enfants canadiens dont les mères ont été recrutées pendant leur grossesse entre mai 2008 et décembre 2010. L'exposition aux écrans et le QI de chaque enfant y sont mesurés à l'âge de 2, 3 et 5 ans. Un questionnaire évalue le développement de l'enfant dans cinq domaines : la communication, la motricité globale, la motricité fine, la résolution de problèmes, l'aptitude individuelle ou sociale. Cette méthode permet d'estimer les effets de l'évolution de la consommation de contenus audiovisuels sur les capacités cognitives de chaque individu.

À première vue, les résultats semblent donner raison aux pourfendeurs des écrans : les enfants les plus gourmands en technologies numériques accusent de moins bonnes capacités cognitives. À première vue seulement. Car la corrélation observée ne s'accompagne d'aucune relation de cause à effet. Ainsi, les enfants dont le QI a évolué – à la hausse ou à la baisse – entre 3 et 5 ans n'ont pas nécessairement augmenté leur temps d'écran. En d'autres termes, rien n'indique qu'une évolution du potentiel intellectuel d'un enfant aura une influence directe, dans un sens ou dans l'autre, sur sa consommation d'écran. À l'inverse, les enfants ayant augmenté progressivement leur consommation de contenus multimédias entre 3 et 5 ans accusent une très légère baisse de QI : la relation de cause à effet est donc bel et bien démontrée.

Cependant, un petit moulinage mathématique permet d'affirmer que passer en moyenne 1 heure supplémentaire par jour devant les écrans, vers l'âge de 2 ans, provoque une baisse de seulement 0,7 point de QI à 5 ans. Si cela n'est pas négligeable, on est très loin du déficit de 4,25 points de QI mentionné par l'étude de Jeremy Walsh ! Dans ce contexte, Franck Ramus et Eva Guez estiment qu'il faudrait augmenter l'exposition des enfants jusqu'à 6 heures et 6 minutes par jour, entre 2 et 3 ans, ou jusqu'à 8 heures et 30 minutes par jour, entre 3 et 5 ans, pour engendrer une perte de 4,25 points de QI ! Et de conclure : « Cette étude suggère qu'il existe bel et bien un effet délétère du temps passé devant les écrans sur le développement cognitif de l'enfant. Néanmoins, cet effet est très faible, sans doute trop faible pour justifier des recommandations alarmantes de santé publique. »

Les écrans, des machines à capter l'attention ?

À la maison, dans les bars ou les couloirs du métro, il est facile de constater à quel point les écrans parviennent à capter notre attention, ceci dès le plus jeune âge. Même si nous déployons les efforts les plus nobles, notre cerveau peut difficilement résister aux stimulations visuelles et auditives de nos sociétés modernes. Mais les vrais coupables de nos addictions numériques sont moins les écrans en eux-mêmes que leurs contenus. Les développeurs d'applications numériques en tout genre, réseaux sociaux et séries télé en tête, l'ont bien compris et redoublent d'ingéniosité pour solliciter notre attention à travers des notifications incessantes plus ou moins élaborées.

Résultat : une nouvelle « culture du zapping » et des difficultés de concentration – que chacun peut apprécier à son niveau à l'instar de toute autre source d'addiction. De là à l'associer à des capacités cognitives dégradées, ce serait aller un peu vite en besogne. Certains vont même jusqu'à associer la surexposition des enfants aux écrans à une explosion de troubles graves des interactions sociales et de l'attention tels que l'autisme. Sans le moindre fondement scientifique, comme le rappelle la Haute Autorité de santé, pour qui « il n'a pas été identifié de données sur un lien entre la survenue de troubles du spectre autistique et une surexposition aux écrans ».

Passer à côté des vrais problèmes

Devant l'incapacité à tirer des conclusions scientifiques définitives, à partir des recherches existantes, les institutions marchent sur un fil, tiraillées entre le principe de précaution et le rationalisme. Dans le doute, l'OMS recommande de bannir les écrans pour les enfants de moins de 2 ans et de limiter à 1 heure par jour leur usage entre 2 et 5 ans. Pour sa part, le Collège royal des pédiatres et des spécialistes de la santé infantile du Royaume-Uni se refuse, face au manque de preuves scientifiques, à émettre des recommandations sur un nombre d'heures maximal d'exposition quotidienne aux écrans.

C'est également le positionnement, en France, de l'Académie des sciences, de l'Académie nationale de médecine et de l'Académie des technologies, qui, dans un appel conjoint publié en avril 2019, encouragent « les études longitudinales en cours, qui permettront une meilleure compréhension des effets multifactoriels des écrans chez les enfants ». Rappelant qu'il est « difficile de départager ce que serait, d'une part, la possible nocivité intrinsèque des écrans pour les jeunes enfants, et d'autre part des pratiques parentales inadaptées dont la gestion des écrans ne serait qu'un aspect parmi d'autres », les experts se contentent d'inviter les parents à accompagner systématiquement les enfants dans leur utilisation des écrans, en particulier des tablettes ou des portables dont ils peuvent contrôler eux-mêmes l'usage.

Les écrans et le sommeil

En mars 2018, un sondage réalisé par l'Institut national du sommeil et de la vigilance mettait en lumière un manque chronique de sommeil chez les adolescents de 15 à 24 ans, 38 % d'entre eux dormant moins de 7 heures par nuit au lieu des 8 heures recommandées. Or, les effets d'un manque de sommeil sont nombreux : baisse des performances cognitives, obésité, problèmes cardiovasculaires, dépression et anxiété.

En cause, une utilisation abusive des écrans à l'heure du coucher, dont la lumière bleue émise par les LED stimule la rétine et retarde la production de mélatonine, une hormone clé de notre horloge biologique, perturbant ainsi l'endormissement. Un phénomène d'autant plus néfaste si l'on se réveille en pleine nuit pour vérifier les notifications de son téléphone portable.

Là encore, la tentation est grande, pour certains, de dresser des corrélations pour le moins hasardeuses sans pour autant dégager de véritable relation de cause à effet. Ainsi, une équipe de Tel-Aviv pense avoir démontré qu'une exposition nocturne à la lumière des smartphones a un effet négatif sur... la qualité du sperme. Qu'un tel risque d'infertilité soit démontré ou pas, les spécialistes de la santé préconisent d'éteindre les appareils numériques au moins 2 heures avant d'aller au lit.

Pour une partie de la communauté scientifique, attaquer tous azimuts les écrans, c'est prendre le risque de passer à côté de vrais problèmes de santé publique. L'arbre qui cache la forêt ? Fervent défenseur de contenus pédagogiques numériques, le professeur de psychologie cognitive expérimentale au Collège de France, Stanislas Dehaene, souhaiterait en effet que l'on se concentre davantage sur des paramètres plus graves pour le développement cognitif des enfants.

C'est le cas de l'alcoolisme chez la femme enceinte, qui concerne en France 1 % des bébés *in utero*, ou encore de la malnutrition, notamment des effets dévastateurs d'une carence en vitamine B1, susceptible d'altérer définitivement le bon fonctionnement du système nerveux. Et surtout, la télévision ou les tablettes tactiles peuvent masquer un déficit profond d'interactions sociales dans les foyers.

« Beaucoup d'autres activités solitaires, qu'il s'agisse de jouer avec un bout de ficelle, d'empiler des cubes, de faire des réussites, de regarder des trains passer, ou de faire du vélo, pratiquées pendant plusieurs heures par jour en lieu et place des interactions sociales, auraient sans doute le même effet », estiment Eva Guez et Franck Ramus. « Les enfants d'aujourd'hui qui ont des écrans pour baby-sitters ne sont pas nécessairement plus mal lotis que les enfants qui étaient livrés à eux-mêmes lorsque leurs parents étaient trop occupés. »

De la même façon, les trois Académies, des sciences, de médecine et des technologies, préviennent que « les campagnes alarmistes axées sans distinction sur les "dangers des écrans" ne risquent pas seulement de faire ignorer aux parents et aux éducateurs les avantages potentiels des technologies numériques, largement argumentés à ce jour. Elles risquent aussi de faire oublier les véritables déterminants de la santé mentale et l'importance des problèmes sociaux. La fracture entre ceux qui sont préparés à bénéficier des apports du numérique, et ceux pour lesquels celui-ci peut aggraver des difficultés préexistantes, constitue aujourd'hui un problème de justice sociale autant que de santé publique. »

Chapitre XIV
La pornographie et les violences sexuelles

« La pornographie a franchi
la porte des établissements scolaires.
Nous ne pouvons ignorer ce genre qui fait
de la femme un objet d'humiliation. »

EMMANUEL MACRON,
Twitter, le 25 novembre 2017.

Désormais possible depuis n'importe quel téléphone portable, la consommation de contenus sexuellement explicites a littéralement explosé ces dernières années. D'après une étude IFOP publiée en mars 2017, 51 % des jeunes de 15 à 17 ans garçons et filles confondus ont déjà consulté un site pornographique (ils étaient 37 % en 2013). Parmi eux, près de la moitié (45 %) considère que la pornographie a participé à son apprentissage sexuel. En corollaire, la pornographie est régulièrement accusée de dégrader l'image des femmes, réduites au rôle d'objet sexuel, tout juste bonnes à satisfaire les désirs de la gent masculine. Des (jeunes) hommes qui se croiraient alors autorisés à exprimer leurs besoins sexuels sans demander la permission à leur partenaire.

C'est pourquoi la pornographie est visée par des attaques répétées de la part de figures politiques – principalement à la droite de l'hémicycle. Alors député du

Nord, Christian Vanneste, par exemple, dépose en 2011 une proposition de loi destinée à lutter contre la pornographie, responsable selon lui d'une augmentation de la délinquance sexuelle. Il évoque ainsi des hordes de « jeunes hommes poussés à exploiter leurs fantasmes » en violant collectivement des femmes « devant des centaines de personnes de passage ».

Six ans plus tard, le 25 novembre 2017, lors de la journée de lutte contre les violences faites aux femmes, Emmanuel Macron fustige une industrie pornographique qui franchit « la porte des établissements scolaires », tissant de la sorte un lien entre pornographie et délinquance sexuelle. La science va-t-elle dans leur sens ? Les jeunes (ou les moins jeunes) hommes amateurs de porno risquent-ils plus que les autres de se transformer un jour en bourreaux ?

À l'origine

Comme pour de nombreux autres sujets de société à caractère moral, notre rapport aux contenus sexuellement explicites a considérablement évolué avec le temps. Vieilles comme le monde, les représentations exposant des rapports sexuels remontent à la préhistoire. Deux statues, découvertes en 2005 en Allemagne, et âgées de 7 200 ans, représentant un homme et une femme en plein coït, sont l'œuvre érotique la plus ancienne connue.

Dans la Grèce antique, la sexualité est reproduite à travers des œuvres d'art représentant des scènes de la vie ordinaire, tandis que les fresques et les sculptures érotiques ornent sans la moindre pudeur les demeures personnelles de l'Empire romain. L'avènement du christianisme fait entrer la sexualité dans une longue période de honte et de condamnations. Le désir et la chair, directement liés au péché originel, deviennent des notions taboues susceptibles d'envoyer quiconque s'y adonne aux Enfers.

L'érotisme de l'Antiquité, qui conférait à la sexualité une dimension artistique, se transforme en pornographie chez les puritains de l'ère victorienne. D'abord employé pour décrire les textes anciens traitant de la prostitution, le terme, à consonance négative, s'étend à toute évocation de la sexualité jugée obscène par la morale de l'époque.

Technologie et libéralisation

Les progrès techniques favorisent l'essor de la pornographie. La diffusion d'images ou de récits sexuels imprimés, l'invention de la photographie et du cinéma en rapprochent toujours plus le grand public. Mais il faut attendre la libération sexuelle du milieu du XXe siècle, en France et dans la plupart des pays occidentaux, pour observer un véritable changement de paradigme. Les premiers films pornographiques sont autorisés dans des salles de cinéma dédiées, rapidement désertées au profit de la cassette vidéo (interdite aux moins de 18 ans). Les vidéoclubs pullulent alors un peu partout en France, encadrés par des lois et une fiscalité bien spécifiques. La pornographie peut enfin être consommée à domicile, magnifiant la notion de « plaisir solitaire ».

La pornographie entre dans une nouvelle ère avec l'arrivée d'Internet dans les foyers. « *The Internet is for porn* » (L'Internet est destiné au porno), indique une chanson de la comédie musicale américaine *Avenue Q*. La réplique est devenue un adage de cette exploitation particulière du réseau Internet. En un clic, tout un chacun est désormais invité à se divertir, n'importe où et n'importe quand. Les sites classés X brillent par la variété de leur contenu et leur facilité d'accès. On y surfe gratuitement dès l'âge le plus tendre et de manière anonyme, sans aucune restriction quant à la « catégorie » sélectionnée.

Chaque année, le site PornHub publie un amusant rapport qui détaille des statistiques sur les utilisateurs de sa plateforme. Avec quarante-deux milliards de visites enregistrées en 2019, en grande majorité sur smartphone – rappelons que plus de la moitié de la population mondiale n'a pas accès à une connexion Internet fiable –, PornHub cartonne auprès de la génération qui devait se cacher dans les toilettes pour feuilleter les pages lingerie du catalogue de *La Redoute* : l'utilisateur moyen est un jeune mâle de 36 ans. Pour trouver son bonheur, il pianote en priorité le mot-clé « amateur », étrangement suivi du mot « alien », puis « POV » (pour *Point of view*, une façon de filmer de type « GoPro », de sorte que le spectateur se sent au plus près des acteurs). L'affaire est désormais bouclée en 10 minutes et 28 secondes. La France se classe dans le top 5 des amateurs de plaisir solitaire privilégiant la catégorie « anal », quand la majeure partie du continent américain (nord et sud) lui préfère le genre « lesbien ».

La violence

Le président Macron vise juste sur un point : la pornographie est violente. En 2010, des chercheurs américains ont analysé plus de trois cents scènes pornographiques tirées des films les plus populaires du moment. Plus de 88 % d'entre elles montrent des agressions physiques, principalement des fessées, des bâillonnements ou des claques, et près de 49 % contiennent des agressions verbales. La plupart du temps, les auteurs de ces sévices sont des hommes, et les victimes des femmes. Comment, dans ce contexte, ne pas être tenté de voir les amateurs de films X comme autant d'agresseurs sexuels en puissance ? Comme souvent, la réalité est plus nuancée.

Le Danemark, la Suède et l'Allemagne légalisent la pornographie à la fin des années 1960. Berl Kutchinsky, professeur en criminologie de l'université de Copenhague, saisit dès 1973 cette formidable opportunité afin de sonder les effets d'une telle déréglementation sur les crimes sexuels. Sobrement intitulée « L'expérience danoise », l'étude souligne contre toute attente une coïncidence entre l'augmentation de la consommation pornographique et une baisse significative des agressions sexuelles enregistrées par la police de Copenhague, notamment les viols et les sévices envers les enfants. S'il est difficile, voire simpliste, d'attribuer à la légalisation de la pornographie une diminution des délits sexuels, le lien entre pornographie et violences sexuelles est clairement mis à mal.

Dans un article publié le 23 novembre 2017, soit juste avant l'apparition du mouvement de libération de la parole des femmes, avec #MeToo et #BalanceTonPorc, le magazine d'information en ligne *Slate* rappelle à quel point le taux de violences sexuelles rapportées par le ministère de l'Intérieur est resté stable au cours de la dernière décennie. Entre 2006 et 2015, environ deux cent mille personnes ont indiqué chaque année en avoir été victimes, à l'intérieur du foyer ou en dehors du ménage. Or, selon les chiffres de l'IFOP collectés en 2014, la fréquentation des sites pornographiques n'a quant à elle cessé de progresser : 17 % des Français, tous âges confondus, s'y adonnent en 2005, 39 % en 2009, puis 60 % en 2014. Parmi les amateurs de films X, les jeunes femmes sont d'ailleurs de plus en plus nombreuses. Dans son rapport publié en février 2019, l'IFOP indique que 47 % des femmes admettent avoir déjà visité un site X, soit une proportion plus de dix fois supérieure à celle observée en 2006 (4 %).

D'après les données relatives aux violences faites aux femmes, disponibles aux États-Unis depuis le début des années 1970, le chercheur Anthony D'Amato, de la Northwestern University, estime en 2006 que les cas d'abus sexuels ont diminué de 85 % en l'espace de vingt-cinq ans, c'est-à-dire au cours de la période d'essor de la pornographie.

En 2006, toujours, l'économiste Todd Kendall constate une décroissance des violences sexuelles dans les États américains où l'accès à Internet s'est le plus amélioré. Le chercheur relève de surcroît que la baisse des agressions sexuelles est plus marquée chez les jeunes, la frange de la population censée surfer davantage sur le web que ses aînés.

Ces données statistiques doivent néanmoins être considérées avec prudence. Les outils méthodologiques utilisés pour mener les enquêtes nationales sur les violences envers les femmes n'ont cessé d'évoluer ces vingt dernières années. Tout comme le courage des femmes à rapporter ces faits, alors qu'elles étaient souvent traitées comme des coupables auparavant quand elles osaient parler. Par ailleurs, identifier des corrélations entre deux phénomènes ne permet pas forcément d'en déduire une relation causale. L'évolution simultanée des violences sexuelles et de la consommation de pornographie ne signifie pas nécessairement que l'une est la conséquence de l'autre.

Sans préjuger des immenses marges de progrès à notre portée, ces dernières décennies ont également été marquées par un travail de sensibilisation à la condition féminine, l'évolution du schéma des rapports hommes/femmes au travail ou au plus haut niveau de la représentation nationale, la libération de la parole des femmes ou le recul du modèle patriarcal. En somme, autant de facteurs susceptibles de faire régresser le taux d'agressions sexuelles, brouillant le rôle réel de la pornographie dans cette affaire. À l'inverse, rien ne dit que la diminution des agressions sexuelles n'aurait pas été encore plus franche et rapide sans l'avènement de la pornographie à portée de clic. Des études scientifiques plus ciblées sont donc nécessaires.

En 1995, des chercheurs américains spécialisés dans la communication de masse ont analysé vingt-quatre études, impliquant plus de quatre mille participants, afin de mesurer la corrélation entre la consommation de contenus pornographiques et l'acceptation individuelle de croyances populaires à l'œuvre autour des notions de viol et d'agression sexuelle. Les cobayes devaient se prononcer sur des phrases du type : « Une femme qui accepte de se rendre au domicile d'un homme durant leur premier rendez-vous signifie qu'elle désire coucher avec lui. » Résultat : dans un contexte expérimental, les individus à qui l'on montrait des contenus pornographiques en laboratoire avaient davantage tendance à accréditer ces mythes du viol consenti que les groupes témoins. En revanche, les études fondées sur des données non expérimentales – c'est-à-dire sur le témoignage de participants regardant fréquemment des films pornographiques dans la sphère privée – n'ont prouvé aucun effet. Les conclusions se sont donc révélées… non concluantes.

Non seulement, l'étude ne fournit aucune indication sur la propension des amateurs de pornographie à passer à l'acte, mais l'influence des films olé olé sur l'état d'esprit des sujets n'apparaît qu'à très court terme, dans le feu de l'action du visionnage des vidéos X. En dehors de ce contexte de stimulation sexuelle, l'amateur de pornographie se comporte donc comme tout un chacun… L'expérience a en tout cas le mérite de mettre en lumière la difficulté de reproduire, dans l'atmosphère médicale d'un laboratoire, une pratique généralement réservée à l'univers intime.

Ces résultats sont confirmés dix ans plus tard par une équipe de psychologues américains du MIT et de l'université Carnegie-Mellon. Certains étudiants de sexe masculin sont soumis à des stimuli sexuels *via* des images pornographiques, puis doivent répondre quasi instantanément à une série de questions du type « Êtes-vous prêt à faire boire quelqu'un pour augmenter vos chances d'avoir un rapport sexuel ? » Sans grande surprise, l'excitation sexuelle a un impact négatif sur ces sujets, qui en oublient plus facilement leur éthique et leur prudence. De là à imaginer des délinquants sexuels se promenant avec des contenus pornographiques dans l'idée de s'autostimuler avant de commettre leur crime... ?

L'image féminine

Reste la théorie selon laquelle la pornographie participerait à favoriser la subordination des femmes en habituant ses amateurs, masculins et féminins, à considérer ces dernières comme des objets sexuels sur lesquels la gent masculine aurait le droit d'exercer un contrôle total. Grand argument féministe curieusement employé par certains conservateurs pour interdire la pornographie, l'effet du X sur le dénigrement des femmes se heurte à des résultats là aussi singulièrement éloignés des idées reçues.

Une étude publiée en 2015 par des chercheurs de la Western University, au Canada, a rassemblé trente-cinq années de données récoltées auprès de onze mille Américains et quatorze mille Américaines afin de tester l'effet de la pornographie sur l'image de la femme-objet.

Non seulement les 23 % d'Américains regardant régulièrement des films pornographiques embrassent aussi bien les valeurs féministes que les autres, mais ils se montrent particulièrement libéraux. Ils sont en effet enclins à valoriser l'indépendance financière et professionnelle des femmes ou à lutter contre une conception patriarcale de la vie domestique et des rapports hommes/femmes au sein du foyer. Mieux : ils se révèlent plus progressistes que les autres en matière de droits sexuels et reproductifs, admettant par exemple l'avortement. Ces résultats ne sont pas surprenants si l'on retient que la pornographie a longtemps été considérée comme un vecteur de la libération sexuelle, à classer dans le camp des progressismes.

Une couverture médiatique sensationnaliste

Le lien entre violence sexuelle et pornographie (explicite dans 88 % des scènes, comme on l'a vu plus haut) est aggravé du fait que chaque nouvelle étude allant dans ce sens est exagérée, montée en épingle par les médias et les politiciens à des fins de sensationnalisme ou d'électoralisme. Pour s'en assurer, une rapide recherche sur le web suffit à trouver un exemple récent des plus accablants.

Le 3 décembre 2019, le site de BBC News, une chaîne d'information britannique réputée pour son impartialité, relate les résultats d'une étude menée par la société d'études Savanta ComRes en titrant : « Le sexe violent, une "épidémie silencieuse" liée à la pornographie. » Pour ce travail, deux mille deux femmes britanniques âgées de moins de 40 ans ont été interrogées sur les éventuelles violences subies dans leur intimité : 38 % d'entre elles confient avoir été violentées contre leur gré au moins une partie du temps pendant un rapport sexuel à l'origine consenti. Ces pratiques impliquent des gifles, des étouffements ou des strangulations, des tirages de cheveux ou des crachats, exécutés sans leur demander la permission. « De nombreuses femmes victimes de violences pendant un rapport sexuel... en partie à cause du porno » titre à son tour Yahoo.

Comment la presse est-elle parvenue à imputer ces violences à la pornographie avec tant de certitude ? La réponse est aussi simple que l'analyse en question. Il a suffi au Centre for Women's Justice de déclarer à la BBC que les agressions sexuelles sont « probablement dues à la disponibilité, à la banalisation et à l'utilisation généralisée de la pornographie extrême » pour que la chaîne pousse jusqu'à la caricature et en fasse un gros titre. Une simple déclaration de Steven Pope, psychothérapeute spécialiste des relations sexuelles, pour qui les violences sexuelles constituent « une épidémie silencieuse », a étouffé tous les doutes. Sans la moindre donnée scientifique ou statistique à l'appui.

La sphère scientifique porte également sa part de responsabilité. Ruwen Ogien n'a pas de mots assez durs pour qualifier les méthodes avec lesquelles la science a étudié les effets de la pornographie ces dernières décennies. Dans son ouvrage *Penser la pornographie*, paru en 2008, le philosophe français à tendance libertaire cite son collègue anthropologue québécois Bernard Arcand, spécialisé dans l'analyse des lieux communs. « Il faut espérer que l'histoire ne gardera pas de la science sociale le seul souvenir de sa contribution à la pornographie, écrit celui-ci. Elle trouverait trop facilement matière à scandale dans l'inutilité de certaines recherches d'une simplicité souvent effarante et de conception particulièrement naïve. Vouloir fonder une politique sociale sur ce genre de science nous ferait regretter le temps des alchimistes. »

De fait, deux grandes études dans l'histoire de la sociologie américaine ayant conduit à des résultats parfaitement contradictoires, soulignent le rôle prédominant de l'idéologie et de l'influence politique dans ce domaine de recherche.

Johnson contre Reagan : le cas américain

À la fin des années 1960, à la suite de la décision de la Cour suprême des États-Unis d'autoriser l'utilisation de contenus sexuellement explicites dans le cercle privé, le président américain Lyndon B. Johnson, issu du Parti démocrate, met en place une commission d'étude sur la pornographie. Principalement fondé sur les travaux scientifiques de l'époque, le rapport de la Commission sur l'obscénité et la pornographie recommande des investissements massifs dans l'éducation sexuelle et dans la recherche dédiée aux effets de la pornographie. Il se prononce également pour une restriction de l'accès aux jeunes, mais contre une interdiction pour les adultes. Au bout du compte, le rapport estime que l'obscénité et la pornographie ne constituent pas un problème social en soi, et qu'aucune preuve ne vient étayer l'idée selon laquelle l'exposition à de tels contenus présente un danger pour les individus. Approuvées par la Cour suprême, ces conclusions déclenchent de vives réactions au sein de l'opposition républicaine.

Dès sa publication en 1970, juste après l'arrivée au pouvoir, en 1969, du président républicain Richard Nixon, le rapport est largement critiqué par la nouvelle majorité. Le Sénat rejette par soixante voix contre cinq la plupart des recommandations de la Commission, en particulier l'affirmation selon laquelle il n'y aurait, à ce stade, aucune preuve que « l'exposition à des contenus sexuellement explicites joue un rôle significatif de causalité avec des attitudes délinquantes ou criminelles au sein des jeunes et des adultes ».

Se faisant l'écho de vieilles peurs qui peuvent nous faire sourire aujourd'hui, le Sénat réfute également l'affirmation selon laquelle il n'y aurait « aucune raison de supposer que l'élimination des prohibitions gouvernementales des contenus sexuels pouvant être mis à la disposition des adultes nuirait à la disponibilité au public d'autres livres, magazines ou films ». La pornographie contre la culture ? Enfin, les républicains ne peuvent admettre l'idée qu'il n'y aurait « aucune preuve que l'exposition à des contenus sexuellement explicites affecte négativement le caractère ou les attitudes morales vis-à-vis du sexe et de la conduite sexuelle ».

Des années plus tard, en 1985, le président conservateur Ronald Reagan crée une nouvelle commission d'enquête chargée d'étudier les effets de la pornographie sur la société américaine. Cette « Commission Messe », du nom d'Edwin Messe, le procureur général des États-Unis, a surtout pour objectif de mettre à mal les conclusions tant décriées de la Commission de Johnson. Composée de onze membres principalement connus pour leur militantisme anti-pornographie, elle se concentre avant tout sur les témoignages de membres de la société civile ou d'individus habitués des problématiques liées à la pornographie.

Sans surprise, les conclusions de la Commission Messe vont à l'opposé de celles de 1970 : « Nous sommes arrivés à la conclusion, à l'unanimité et sans aucun doute, que les preuves existantes permettent d'affirmer que l'exposition substantielle aux matériels "sexuellement violents", tels qu'ils ont été décrits, constitue la cause de comportements antisociaux de violence sexuelle et, pour certains groupes, la possibilité de commettre des actes illégaux de violences sexuelles. » Et si le rapport rappelle timidement, entre deux chapitres, la difficulté de dresser des conclusions sur des phénomènes aux origines multiples, il n'hésite pas, un peu plus loin, à établir une corrélation claire entre pornographie et violences sexuelles. Cette fois-ci vivement critiquée par les libéraux américains pour sa méthodologie biaisée, essentiellement destinée à sortir des résultats susceptibles de plaire à l'électorat conservateur américain, l'étude a néanmoins profondément marqué les esprits.

La pornographie, une drogue comme les autres ?

Là où la science parvient à faire consensus, c'est lorsqu'elle compare la pornographie à une drogue, une nouvelle source d'excitation sexuelle sur mesure consommée dès le très jeune âge. À l'image d'une drogue, la pornographie apparaît comme un déclencheur hyper-stimulant qui entraîne des niveaux anormalement élevés de sécrétion de dopamine.

Le système de récompense lié au plaisir, sur lequel agissent la plupart des psychotropes, se trouve déréglé et devient insensible aux sources naturelles de plaisir. En d'autres termes, un consommateur de porno ira par réflexe assouvir ses besoins sexuels sur le web plutôt que de solliciter son ou sa partenaire dans la vie réelle.

Si les corrélations entre pornographie et violences sexuelles s'avèrent difficiles à établir – il y a fort à parier que la sexualité fictive reflète avant tout l'état des rapports entre les individus dans nos sociétés, et non l'inverse –, les raisons de s'opposer à la pornographie ne sont pas en reste. Outre les phénomènes d'addiction, beaucoup pointent du doigt les nombreux travers moraux de cette industrie si particulière. Exposition de pratiques à risque, trafic d'êtres humains, réseaux de pédophilie, exploitation et marchandisation des corps, manque de contrôle quant à l'accessibilité aux enfants de contenus réservés aux adultes, sont autant d'arguments auxquels la science aurait bien du mal à apporter son éclairage.

Conclusion

À l'ère des réseaux sociaux et du triomphe des théories du complot, des pseudo-experts et des charlatans de la pensée, comment distinguer une affirmation scientifiquement fondée d'un propos ne reflétant que l'opinion de celui ou celle qui le formule ?

S'il n'existe malheureusement pas de recette miracle, on l'a vu dans cet ouvrage, quelques indicateurs permettent de trier le bon grain de l'ivraie. Dans quelles revues les études éventuellement citées ont-elles été publiées ? Les résultats scientifiques sont-ils reproductibles par d'autres équipes de recherche – et donc réfutables ? Par qui ces recherches ont-elles été financées ? Qui en sont les auteurs ? Font-ils partie de cette catégorie de savants lancés dans une croisade « anticonformiste », prétendument muselés par une pensée scientifique dominante, arbitraire et dogmatique ? Prennent-ils le grand public à témoin comme s'ils n'avaient pas la possibilité de s'exprimer par les canaux standards de l'échange scientifique, quand bien même certains battent des records de publication dans la presse spécialisée ? Surtout, prétendent-ils avoir raison contre tout le monde – ce qui, en science, est rarement le cas, du moins sur le long terme ?

Ce travail de vérification prend du temps. Dans le tourbillon permanent d'informations et de données qui nous emporte chaque jour, cet exercice relève parfois de la mission impossible. Pour y remédier, d'autres pistes ont été envisagées.

La loi de programmation de la recherche, adoptée par le Sénat le 20 novembre 2020, prévoit la création d'une « Maison de la science et des médias ». En facilitant les échanges entre les chercheurs et les journalistes, l'initiative a pour objectif d'améliorer l'accès du grand public à une information rigoureuse et fiable et d'« accroître l'apport d'éclairages scientifiques dans les débats publics sur les grands sujets actuels ». Une sorte d'agence destinée à lutter contre les informations erronées.

Les journalistes dotés d'un réel bagage scientifique sont peu nombreux. La plupart du temps mus par de bonnes intentions, ceux qui couvrent l'actualité de la science ont du mal à s'y retrouver, à démêler le vrai du faux, à mettre en lumière les études sérieuses et à ignorer les impostures. À la différence d'un chercheur spécialisé, un journaliste chargé de la rubrique « science » est amené à couvrir un large spectre de disciplines, de la biologie à la physique, des mathématiques aux neurosciences. Il est donc peu armé pour dégager une tendance sur des sujets complexes dont les scientifiques eux-mêmes sont parfois amenés à débattre.

Ainsi, la moindre étude démontrant l'existence d'un effet sanitaire négatif des ondes, émises par les antennes relais ou les téléphones portables, est immédiatement traitée dans la presse ou massivement relayée sur les réseaux sociaux par les associations militantes. Sans que personne ne prenne la peine de l'accompagner de son contexte scientifique, de rappeler le siècle de recul et de connaissances que nous avons sur les ondes électromagnétiques et de présenter l'ensemble des données à disposition de manière équilibrée.

C'est également le cas avec les écrans, objets de toutes les craintes à l'égard de leur impact sur le développement cognitif et émotionnel des enfants, au risque de multiplier les raccourcis, d'exagérer les relations de cause à effet et d'aligner les fausses conclusions. Quant à la pornographie, son incidence supposée sur les violences sexuelles fait l'objet de tous les fantasmes (sans mauvais jeu de mots). Lorsque la science doute, les paroles les plus assertives s'imposent, au détriment d'une mesure plus juste, sans doute plus ennuyeuse aussi, mais souvent beaucoup plus proche de la vérité.

La Maison de la science et des médias suffira-t-elle à régler tous ces problèmes ? Bien sûr que non. En réalité, beaucoup s'inquiètent des effets pervers d'une telle initiative. À commencer par le risque de voir cette institution se transformer en nouvelle plateforme d'influence politique ou industrielle, menaçant l'indépendance journalistique et exacerbant la défiance de la population envers les discours venus d'en haut. Contrairement à l'idée première qui est de lutter contre les *fake news*, ce type de structure, initié par le gouvernement, pourrait renforcer les discours complotistes auprès des populations déjà méfiantes à l'égard des informations officielles.

Aux États-Unis, au Royaume-Uni, en Allemagne ou encore en Australie, ces *Science Media Centers*, selon l'appellation anglaise, existent depuis longtemps. Créé en 2002, le centre britannique ne se contente pas de faciliter les contacts entre les chercheurs et les journalistes. Il délivre aux médias des contenus clé en main, accompagnés de citations et commentaires de chercheurs, validés par la communauté scientifique, y compris sur des sujets controversés. Découragés de mener le moindre effort d'investigation, les journalistes en sont réduits au rôle de passe-plat, produisant des articles qui finissent par se ressembler.

Plus problématique encore, la viabilité économique de ce centre britannique est assurée par des donateurs issus des universités, des entreprises, des organisations caritatives, des sociétés scientifiques et du gouvernement. Pour maintenir une certaine indépendance, les dons de chacune de ces entités sont plafonnés à 5 % de leurs revenus annuels. Selon ce modèle, qu'ont repris la plupart des *Science Media Centers* implantés dans d'autres pays, une industrie au chiffre d'affaires mirobolant aura beaucoup plus d'influence que les autres contributeurs...

Qu'adviendrait-il si, en France, les contributeurs financiers d'une telle structure dictaient le ton et le contenu de l'actualité scientifique telle qu'elle est traitée dans les médias ? Ce n'est pas une question théorique : les journalistes du magazine de vulgarisation scientifique de référence *Science & Vie* se sont mis en grève illimitée un an après leur rachat par un groupe de presse, en 2019, pointant du doigt les coups de canif à leur indépendance.

Dans leur ouvrage *Les Gardiens de la raison*, les journalistes Stéphane Foucart et Stéphane Horel ainsi que le sociologue Sylvain Laurens explorent ces nouvelles méthodes de lobbying destiné à « instrumentaliser le savoir ». Rappelant que « les années 2000 ont été le décor du lobbying de ces "marchands de doute" et de leurs études sponsorisées dissimulant les dangers de leur chimie, de leurs sodas, de leurs gaz à effet de serre », les auteurs estiment que ces industries peu scrupuleuses ont parfaitement su s'adapter à la vague de scandales qui a suivi, en développant des stratégies innovantes afin de favoriser leurs intérêts.

Difficile, donc, de vouloir restaurer une confiance à l'égard de la parole scientifique à travers une structure gouvernementale mêlant les médias, les institutions publiques et le secteur privé. Faut-il pour autant abandonner l'espoir de tirer profit de la méthode et des enseignements de la science ?

N'en déplaise à ses détracteurs, l'accusant d'être trop déconnectée de la réalité de la vie quotidienne ou à la botte de ses financeurs, la science est une arme redoutable pour engranger les savoirs. Bien sûr, certains industriels ne pensent qu'à maximiser leurs gains au détriment de la santé humaine. Les lobbyistes infiltrent les allées du pouvoir et tentent de s'installer sur les paillasses des laboratoires. Les collusions, le mélange des genres, les mensonges et les manipulations sont évidemment possibles. Bien qu'imparfaite, parfois soumise à des pressions de la part d'intérêts privés ou collectifs, ou tout simplement d'arbitrages budgétaires ou de choix éditoriaux de la part des revues spécialisées, la démarche scientifique reste le meilleur moyen de penser le monde sur le fondement de faits, de démonstrations transparentes, remis en permanence en question et réfutables à tout moment. Contrairement à beaucoup d'autres systèmes de pensée, les éventuels scandales, les approximations, le manque de rigueur ou de pertinence finissent toujours par être dévoilés. La validation des travaux scientifiques par les pairs demeure le meilleur système pour produire le savoir. Le résultat est sans appel, comme l'illustrent les progrès technologiques et scientifiques engrangés au cours de ce dernier siècle.

Les savants sont relativement préservés de la défiance généralisée envers les élites et conservent une bonne image dans la population. En juin 2019, une étude du Wellcome Global Monitor indiquait que près des trois quarts des personnes interrogées dans le monde entier accordent leur confiance à la communauté scientifique. À la même époque,

Nature nous apprenait que 86 % des Américains se fient à elle pour agir dans l'intérêt public, selon une étude du Pew Research Center. Les blouses blanches font jeu égal avec les treillis, même si les militaires bénéficient néanmoins d'une base d'admirateurs plus solide. Suivent les leaders religieux (près de 60 % de soutiens), les médias (près de 50 %) et enfin, bons derniers, les élus (à peine 40 %).

En France, la dernière enquête du Centre de recherches politiques de Sciences Po, menée en avril 2020, en plein confinement, indiquait que pour 85 % des citoyens « les chercheurs et scientifiques sont des gens dévoués qui travaillent pour le bien de l'humanité ». Une autre enquête, réalisée en octobre 2020, par Ipsos, pour la fondation Nicolas-Hulot, révèle que 90 % des Français font confiance à la science, et une large majorité (69 %) s'y intéresse à titre personnel. Une tendance stable, voire en hausse, depuis dix ans.

En France comme aux États-Unis, ce n'est donc pas l'image du scientifique qui pose problème, mais sa difficulté à faire entendre sa voix. Soucieux de conserver une étanchéité entre leur laboratoire et la sphère politique, les chercheurs ont laissé un boulevard aux voix antiscience. Sur de nombreux sujets scientifiques et techniques, par définition difficiles d'accès, de nombreux opportunistes délivrent des messages simplistes, pour flatter les bas instincts ou, simplement, pour faire du sensationnalisme, quitte à multiplier les contre-vérités. Les théories du complot, qui offrent une vision simpliste d'un monde pourtant complexe et qui, contrairement à la science, ont réponse à tout, prolifèrent à loisir sur ce champ de bataille idéologique qu'est devenu le web.

En réponse, nous devons en revenir à des principes aussi fondamentaux que la démocratie. En encourageant les chercheurs à monter au front, à expliquer leurs recherches et leurs découvertes et, pourquoi pas, à investir l'arène politique.

Or, en France, combien de chercheurs sérieux acceptent de prendre la parole dans l'espace public ? Combien d'élus ayant un bagage scientifique ? Valéry Giscard d'Estaing, Nathalie Kosciusko-Morizet, Hervé Mariton, Bruno Mégret constituent la courte liste des hommes et femmes politiques passés par la prestigieuse École polytechnique. La sphère politique leur préfère largement les anciens de l'École nationale d'administration, omniprésents au sein de la haute fonction publique.

Réputés rationnels, la tête remplie d'équations et de théorèmes, accusant un déficit d'empathie, les polytechniciens préféreraient prendre la tête d'une entreprise ou se terrer dans les laboratoires au détriment de l'engagement politique, lequel exigerait davantage de compétence stratégique et émotionnelle. Alain Lipietz, polytechnicien et ancien député européen écologiste, se remémore, dans un article de la revue *Charles*, « l'hostilité » qu'il a dû affronter dans son parti : « J'ai été traité de singe savant alors que je n'avais encore rien dit. » On se souvient également de la sortie méprisante de Jean-Luc Mélenchon le 20 juin 2017 à propos de Cédric Villani, lauréat de la médaille Fields, le plus prestigieux des prix en mathématiques, alors tout juste élu député : « J'ai vu le matheux, je vais lui expliquer ce que c'est qu'un contrat de travail et il va tomber par terre. »

Dans la sphère politique comme dans les dîners mondains, il est beaucoup plus honteux de ne pas connaître la date de la bataille de Marignan ou de ne pas saisir une référence à Montesquieu que de sécher sur le nom des planètes du Système solaire. Non seulement, la culture scientifique n'est pas valorisée, mais elle est souvent dénigrée, rabaissée, tournée en ridicule tel le professeur Tournesol dans les aventures de Tintin. Or, si la connaissance de l'histoire des hommes est indispensable pour penser le présent et l'avenir, posséder une culture scientifique et technique est également essentiel pour appréhender le monde. On n'aborde pas la vie en société de la même façon lorsqu'on place l'humanité au centre de l'Univers que lorsque l'on est conscient que la planète Terre n'est qu'une infime poussière dans la Voie lactée, elle-même insignifiante à l'échelle du Cosmos.

Pourtant, les scientifiques se sont invités dans le débat politique de façon inédite durant la crise sanitaire du coronavirus. Tout à coup mis sous le feu des projecteurs, ceux-là n'ont pas toujours réussi à faire entendre une voix cohérente et concertée, à même d'emporter la confiance de la population vis-à-vis des mesures sanitaires qu'ils proposaient. Face au cafouillage généralisé dans la gestion de la crise dans différents pays, beaucoup appellent à élargir à d'autres domaines des institutions d'expertise scientifique comme le GIEC pour le climat. De telles structures indépendantes auraient pour tâche de suggérer, sur la base de raisonnements scientifiques, des visions stratégiques pour résoudre les problèmes nouveaux.

Jacques Testart milite depuis de nombreuses années pour la mise en place de conventions citoyennes. Un panel d'individus issus de la société civile, tirés au sort au même titre que les jurés populaires dans les cours d'assises, serait appelé à se prononcer sur des questions scientifiques en tout genre. Formées au préalable par des experts venus de différentes disciplines dans un esprit de contradiction, le tout encadré par une démarche scientifique digne de ce nom, ces conventions citoyennes détermineraient même les allocations de budgets et les priorités de la recherche.

Pariant sur l'idée que la science est la meilleure alliée de la démocratie, de la décision politique, du débat civique, ces jurés de la science permettraient par exemple, à partir d'une vision éclairée, de trancher sur des sujets de société aux fortes dimensions éthiques. Doit-on investir massivement dans la recherche d'outils d'édition génétique tels que CRISPR/Cas9, au détriment d'autres secteurs thérapeutiques ? Avec quelles limites éthiques ? Faut-il revenir sur la décision de dérembourser l'homéopathie ? Doit-on mobiliser nos efforts pour partir à la conquête de la planète Mars ? Décide-t-on de s'engager collectivement sur la voie de généralisation de la PMA ? De la GPA ? Faut-il s'en remettre les yeux fermés à des algorithmes d'IA pour prendre des décisions à notre place ?

Dans d'autres cas, la science ne permettra pas de trancher ces débats. Certaines thématiques font appel à des systèmes de valeur trop personnels pour dégager un consensus ou une objectivité tangible. Ainsi les données scientifiques sur l'avortement ou l'euthanasie n'empêcheront pas chacun d'avoir sa propre interprétation de la vie ou de la mort.

Une chose est certaine : la science est l'affaire de toutes et tous. Si nous n'atteignons jamais un objectif de réflexion rationnelle, nous pouvons faire reculer les idées reçues, les préjugés, les *a priori*, les conclusions faciles. Le problème n'est pas de ne pas tout savoir. Le problème est d'être incapable de changer d'avis lorsque les faits scientifiques convergent. À moins d'assumer au grand jour un positionnement purement idéologique.

Bibliographie

Chapitre I

ECKLUND E.H., 2010, *Science* vs *Religion : What Scientists Really Think*, Oxford University Press, USA.

GINGRAS Y. & TALIN K., 2020, « + de religion = – de science », *Note de recherche du CIRST, 2020-01*, Montréal.

LARSON E. & WITHAM L., 1998, « Leading scientists still reject God », *Nature*, 394:313.

STIRRAT M. & CORNWELL R.E., 2013, « Eminent scientists reject the supernatural : a survey of the Fellows of the Royal Society », *Evolution : Education and Outreach*, 6:33.

Chapitre II

ANSM, « Les adjuvants », dossier en ligne : https://www.ansm.sante.fr/Dossiers/Vaccins/Les-adjuvants/(offset)/1

BACH J.-F., BAZIN H., BÉGUÉ P. & GIRARD M., 2012, « Les adjuvants vaccinaux : quelle actualité en 2012 ? », *Bulletin de l'Académie nationale de médecine*, 196(6):1177-1181, http://www.academie-medecine.fr/les-adjuvants-vaccinaux-quelle-actualite-en-2012/

CRÉPEAUX G., EIDI H., DAVID M.-O. *ET AL.*, 2017, « Non-linear dose-response of aluminium hydroxide adjuvant particles : Selective low dose neurotoxicity », *Toxicology*, 375:48-57.

JOHNSON N.F., VELÁSQUEZ N., RESTREPO N.J. *ET AL.*, 2020, « The online competition between pro- and anti-vaccination views », *Nature*, 582:230-233.

Chapitre III

GARTRELL N. & BOS H.M.W., 2010, « US National Longitudinal Lesbian Family Study : Psychological Adjustment of 17-Year-Old Adolescents », *Pediatrics*, 126(1):28-36.

GROSS M. (DIR.), 2005, *Homoparentalités, état des lieux*, Érès.

LAZARATOU H. & GOLSE B., 2006, « Du Désir à l'acte : les enfants de la procréation médicalement assistée (PMA) », *La Psychiatrie de l'enfant*, 49:573-599.

LETRANCHANT A., CAZAS O., HARDY P. *ET AL.*, 2015, « Dépression du post-partum après aide médicale à la conception : revue de la littérature et méta-analyse », *European Psychiatry*, 30(8):S126.

Chapitre IV

HEINICKE C., 2018, « My year on "Mars" », *Scientific American*, January 2.

JAKOSKY B.M. & EDWARDS C.S., 2018, « Inventory of CO_2 available for terraforming Mars », *Nature Astronomy*, 2:634-639.

OROSEI R., LAURO S.E., PETTINELLI E. *ET AL.*, 2018, « Radar evidence of subglacial liquid water on Mars », *Science*, 361(6401):490-493.

ROBERTS D.R., ALBRECHT M.H., COLLINS H.R. *ET AL.*, 2017, « Effects of spaceflight on astronaut brain structure as indicated on MRI », *The New England Journal of Medicine*, 377:1746-1753.

Chapitre V

CAILLOCE L., 2019, « Ce que l'on sait de la douleur », *CNRS Le Journal*, //lejournal.cnrs.fr/articles/ce-que-lon-sait-de-la-douleur

INSERM, 2015, « La survie des enfants grands prématurés en France s'améliore : premiers résultats de l'étude EPIPAGE 2 », *Communiqué – Salle de Presse INSERM*, https://presse.inserm.fr/la-survie-des-enfants-grands-prematures-en-france-sameliore-premiers-resultats-de-letude-epipage-2/17643/

LEJEUNE F., MARCUS L., BERNE-AUDEOUD F. *ET AL.*, 2012, « Intermanual transfer of shapes in preterm human infants from 33 to 34 + 6 weeks postconceptional age », *Child Development*, 83:794-800.

ROYAL COLLEGE OF OBSTETRICIANS AND GYNAECOLOGISTS, 2010, « Fetal Awareness : Review of Research and Recommendations for Practice, Report of a Working Party », https://www.rcog.org.uk/globalassets/documents/guidelines/rcogfetalawarenesswpr0610.pdf

Chapitre VI

FAURE O., 2015, *Et Samuel Hahnemann inventa l'homéopathie. La longue histoire d'une médecine alternative*, Aubier.

MADDOX J., RANDI J. & STEWART W., 1988, « "High-dilution" experiments a delusion », *Nature*, 334:287-290.

NATIONAL HEALTH AND MEDICAL RESEARCH COUNCIL, 2015, « NHMRC Information Paper : Evidence on the effectiveness of homeopathy for treating health conditions », https://www.nhmrc.gov.au/sites/default/files/images/nhmrc-information-paper-effectiveness-of-homeopathy.pdf

OSTERMANN J.K., WITT C.M. & REINHOLD T., 2017, « A retrospective cost-analysis of additional homeopathic treatment in Germany : Long-term economic outcomes », *PloS One*, 12(9):e0182897

Chapitre VII

NACCACHE L., 2018, « Minimally conscious state or cortically mediated state ? », *Brain*, 141(4):949-960.

NAU J-Y., 2008, « Maurice Goulon (1919-2008), père du concept de coma dépassé », *Revue Médicale Suisse*, 4:1123-1123.

SCHNAKERS C., MAJERUS S. & LAUREYS S., 2004, « Diagnostic et évaluation des états de conscience altérée », *Réanimation*, 13(5):368-375.

VEATCH R.M., 2018, « Would a reasonable person now accept the 1968 Harvard brain death report ? A short history of brain death », *Hastings Center Report*, 48(6):6-9.

Chapitre VIII

AWAD E., DSOUZA S., KIM R. *ET AL.*, 2018, « The Moral Machine experiment », *Nature*, 563:59-64.

BUOLAMWINI J. & GEBRU T., 2018, « Gender shades : intersectional accuracy disparities in commercial gender classification », *Proceedings of Machine Learning Research*, 81:1-15.

CIRILLO D., CATUARA-SOLARZ S., MOREY C. *ET AL.*, 2020, « Sex and gender differences and biases in artificial intelligence for biomedicine and healthcare », *npj Digital Medicine*, 3:81.

CRAWFORD K. & PAGLEN T., 2019, « Excaving AI – The politics of images in machine learning training sets », https://www.excavating.ai/

OBERMEYER Z., POWERS B., VOGELI C. & MULLAINATHAN S., 2019, « Dissecting racial bias in an algorithm used to manage the health of populations », *Science*, 336(6464):447-453.

Chapitre IX

EVANS B.R., KOTSAKIOZI P., COSTA-DA-SILVA A.L. ET AL., 2019, « Transgenic *Aedes aegypti* mosquitoes transfer genes into a natural population », *Scientific Reports*, 9:13047.

JINEK M., CHYLINSKI K., FONFARA I., HAUER M., DOUDNA J.A. & CHARPENTIER E., 2012, « A programmable dual-RNA-guided DNA endonuclease in adaptive bacterial immunity », *Science*, 337(6096):816-821.

LE CONG F., RAN A., COX D., LIN S., BARRETTO R., HABIB N., HSU P.D., WU X., JIANG W., MARRAFFINI L.A. & ZHANG F., 2013, « Multiplex genome engineering using CRISPR/Cas systems », *Science*, 339(6121):819-823.

MUSUNURU K., 2019, « Opinion : We need to know what happened to CRISPR twins Lulu and Nana », *MIT Technology Review* (en ligne).

ZOU Q., WANG X., LIU Y. ET AL., 2015, « Generation of gene-target dogs using CRISPR/Cas9 system », *Journal of Molecular Cell Biology*, 7(6):580-583.

Chapitre X

DECETY J., 2010, « Mécanismes neurophysiologiques impliqués dans l'empathie et la sympathie », *Revue de Neuropsychologie*, 2:133-144.

HORSTMANN A.C., BOCK N., LINHUBER E. *et al.*, 2018, « Do a robot's social skills and its objection discourage interactants from switching the robot off ? », PLoS ONE 13(7):e0201581.

ROSENTHAL-VON DER PÜTTEN A.M., KRÄMER N.C., HOFFMANN L. ET AL., 2013, « An experimental study on emotional reactions towards a robot », *International Journal of Social Robotics*, 5:17-34.

SUZUKI Y., GALLI L., IKEDA A. ET AL., 2015, « Measuring empathy for human and robot hand pain using electroencephalography », *Scientific Reports*, 5:15924.

Chapitre XI

AFSSET (COLLECTIF), 2009, « Avis de l'Agence française de sécurité sanitaire de l'environnement et du travail concernant la mise à jour de l'expertise relative aux radiofréquences », *Édition scientifique, Agents physiques* (en ligne).

COMITÉ D'EXPERTS SPÉCIALISÉS : « AGENTS PHYSIQUES, NOUVELLES TECHNOLOGIES ET GRANDS AMÉNAGEMENTS », 2019, « Exposition de la population aux champs électromagnétiques liée au déploiement de la technologie de communication "5G" et effets sanitaires associés », Anses, rapport d'expertise collective préliminaire, Saisine n° 2019-SA-0006 « 5G ».

COUREAU G., BOUVIER G., LEBAILLY P. *ET AL.*, 2014, « Mobile phone use and brain tumours in the CERENAT case-control study », *Occupational and Environmental Medicine*, 71(7):514-522.

CURRY B.P., 2000, « Wireless LAN's in the school room », Letter from Curry B.P., Consulting Physicist, to Gary Brown, ETS.

INTERPHONE STUDY GROUP, 2010, « Brain tumour risk in relation to mobile telephone use : results of the INTERPHONE international case-control study », *International Journal of Epidemiology*, 39(3):675-694.

Chapitre XII

CHEKROUD A.M., EVERETT J.A.C., BRIDGE H. & HEWSTONE M., 2014, « A review of neuroimaging studies of race-related prejudice : does amygdala response reflect threat ? », *Frontiers in Human Neuroscience*, 8:179.

CLOUTIER J., LI T. & CORRELL J., 2014, « The impact of childhood experience on amygdala response to perceptually familiar black and white face », *Journal of Cognitive Neuroscience*, 26(9):1992-2004.

FORBES C.E., COX C.L., SCHMADER T. & RYAN L., 2012, « Negative stereotype activation alters interaction between neural correlates of arousal, inhibition and cognitive control », *Social Cognitive and Affective Neuroscience*, 7(7):771-781.

SCOPELLITI I., MOREWEDGE C.K., MCCORMICK E. *ET AL.*, 2015, « Bias blind spot : structure, measurement, and consequences », *Management Sciences*, 61(10):2468-2486.

Chapitre XIII

ADELANTADO-RENAU M., MOLINER-URDIALES D., CAVERO-REDONDO I. *ET AL.*, 2019, « Association between screen media use and academic performance among children and adolescents : a systematic review and meta-analysis », *JAMA Pediatrics*, 173(11):1058-1067.

GUEZ A. & RAMUS F., 2019, « L'association entre exposition aux écrans et développement cognitif : au-delà des interprétations hâtives », *Revue suisse de pédagogie spécialisée*, 4:14-21.

HUTTON J.S., DUDLEY J., HOROWITZ-KRAUS T. *ET AL.*, 2019, « Associations between screen-based media use and brain white matter integrity in preschool-aged children », *JAMA Pediatrics*, 174(1):e193869. doi : 10.1001/jamapediatrics.2019.3869

ORBEN A. & PRZYBYLSKI A.K., 2019, « The association between adolescent well-being and digital technology use », *Nature Human Behaviour*, 3:173-182.

WALSH J.J., BARNES J.D., CAMERON J.D. *ET AL.*, 2018, « Associations between 24-hour movement behaviors and global cognition in US children : a cross-sectional observational study », *The Lancet Child & Adolescent Health*, 2(11):783-791.

Chapitre XIV

ALLEN M., EMMERS T., GEBHARDT L. & GIERY M.A., 1995, « Exposure to pornography and acceptance of rape myths », *Journal of Communications*, 45(1):5-26.

BERGEN R.K. & BOGLE K.A., 2000, « Exploring the connection between pornography and sexual violence », *Violence and Victims*, 15(3):227-234.

KOHUT T., BAER J.L. & WATTS B., 2016, « Is Pornography Really about "Making Hate to Women" ? Pornography users hold more gender egalitarian attitudes than nonusers in a representative American sample », *The Journal of Sex Research*, 53(1):1-11.

KUTCHINSKY B., 1973, « The effect of easy availability of pornography on the incidence of sex crimes : The Danish experience », *Journal of Social Issues*, 29(3):163-181.

Remerciements

Malgré la distanciation sociale imposée pendant ces douze derniers mois, je me suis senti très entouré lors de la rédaction de ce livre. Je tiens à remercier affectueusement toutes ces personnes :

Francesca Gulminelli, Philippe Henarejos, Jean-Rémi King, Catherine Longueville, Rémi Parize, Romain Quentin, Eliott Teston, Marine Vernet, Maxime Verrière, Patrick Weil pour leur aide et leur relecture attentive.

Sandrine Ferrazzini pour cet immense travail à distance.

Et tous les autres, pour leur écoute et leurs encouragements, y compris dans les moments d'attente et d'incertitude.

Tout cela valait le coup.

Table

COMPOSITION ET MISE EN PAGES
NORD COMPO À VILLENEUVE-D'ASCQ

ACHEVÉ D'IMPRIMER PAR CPI
EN MARS 2021

N° d'impression : 2055215
Dépôt légal : avril 2021
Imprimé en France